中国特色油田开发
理论与技术实践

金毓荪　等著

石油工业出版社

内 容 提 要

　　本书是一本以实践为基础,把几十年来开发油田的经历,加以梳理,提出了具有中国特色的油田开发理论和技术。油田开发是一项复杂、巨大的系统建设工程,不是单一科研题目,也不是一项技术发明。我国油田开发工作所以能持续发展,就是建立在不断发现开发地质规律、充分使用开发地质规律的基础上,这是科学思维的模式。

　　本书可供从事油田开发工作的工程技术、科研和管理人员,以及高等院校有关专业师生参考。

图书在版编目(CIP)数据

　　中国特色油田开发理论与技术实践/金毓荪等著.
北京:石油工业出版社,2012.9
　　ISBN 978-7-5021-9180-1

　　Ⅰ. 中…

　　Ⅱ. 金…

　　Ⅲ. 油田开发-研究-中国

　　Ⅳ. TE34

　　中国版本图书馆 CIP 数据核字(2012)第 161245 号

出版发行:石油工业出版社
　　　　(北京安定门外安华里 2 区 1 号　100011)
　　　　网　址:www.petropub.com.cn
　　　　编辑部:(010)64523535　发行部:(010)64523620
经　销:全国新华书店
印　刷:北京中石油彩色印刷有限责任公司
2012 年 9 月第 1 版　2012 年 9 月第 1 次印刷
787×960 毫米　开本:1/16　印张:7.5
字数:95 千字　印数:1—2000 册
定价:36.00 元
(如出现印装质量问题,我社发行部负责调换)

前　　言

我国油田开发理论是我国从事油田开发的工作者首先应该总结和研究的大事,责无旁贷、义不容辞,这是我们共同的责任和义务。

本书是几十年来我们学习运用毛泽东所著《实践论》与《矛盾论》的体会。针对我国绝大多数油藏是陆相沉积的特点,在不断实践、不断认识的过程中,逐步形成了特有的油田开发理论。概括地讲,其最基本的理念包含了"分层(段)认识、分层(段)驱油、分层(段)保持压力开采",可简称"分层(段)开发论"。

逐步的树立唯物辩证观点,努力发现"地质规律"、使用"地质规律",使我们的实践是在理论指导下进行,油田开发工作才能不断地创新和持续发展。

由于我国的陆相油藏和西方的海相油藏有很大区别,我们从这一根本点出发,对症下药,使原油产量从 1949 年的年产量不到 10 万吨,至今已增至年产近 2 亿吨,投入开发的油气田 1949 年仅有几个小油田,目前大小油气田已有 800 多个。如此快速地开发,为我国经济建设、改善人民生活和增强国力等作出了巨大贡献。

开发油田所使用的技术内容都是从油田开发实践中,对其规律性问题进行考察与研究的结果,本书提出的一些概念是影响全局的关键,旨在避免犯战略上原则性的错误,而一些专业技术个别问题处理不当,只是犯战术上技术性的错误,所以本书没有过多地描述具体技术内容。为了掌握和驾驭油田开发的全过程,做到有序发展,要认真研究开发理论,以发挥其更高层次的指导作用。

油田开发中所使用的技术,大的方面有九项,在第二章中作了介绍,但各油田要从本油田实际情况出发,以达到认识油田和改造油田的目的,因时因地处之,不可照搬照抄,避免犯一些难以改正的错误。油田开发是一项复杂的、系统的大工程,不是单纯的科学研究,也不是单纯的技术发明,而是直接生产力的工程建设,因此,必须建立"大开发"的概念,广义地讲,包括三个系统:

一是科技系统。过去开发方案编制中,对几项主体技术研究得多,如开发地质、油藏工程、钻井工程、采油工程和地面建设工程,这是必要的,正确的,要继续坚持。

二是管理系统。目前"挖掘"管理带来的经济效益还很不够,要将油田开发过程中员工培训管理、经营财务管理、生产技术管理和地下油藏管理等不断改革创新,及时调整政策和有关技术,从另一个角度解放生产力,推动油田开发工作。

三是思想文化系统。保证企业有正确的发展方向,员工有饱满的情绪,始终保持不怕困难、勇于创新的精神面貌。

从思维模式讲,西方国家多流行"分析的模式",容易产生头疼医头、脚疼医脚的毛病,只见树木,不见森林。我们采用"综合思维模式",从整体概念出发,研究相互关系、普遍联系,综合分析,这是研究战略问题所必需的。我们的油田开发工作要把这三大系统从组织上、工作安排上有机结合起来,把各方面的力量拧成统一的合力,这将战无不胜,我们过去在这方面有许多宝贵经验,在新形势下要更加发扬光大。

油田开发是一项大工程建设,如同水利工程和其他矿业工程,它是应用自然科学基础理论的某些观点,结合油田开发实际所逐步形成的应用科学。

一个油田的开发历程要几年、十几年、几十年,甚至要超过一百年,它所应用的专业技术也是多种多样的,要达到几十种门类,所动用的人力一般也是几千、几万、十几万,甚至几十万。而油田深埋地下,又具有其复杂性和特殊性,这样带来了很多困难。自新中国成立以来,我国油田开发工程建设得到极大的发展,生产规模之大、技术进步之快、对国家贡献之多,为中外人士佩服和赞赏。这一切,创造了石油工业许多历史性的变化:

一是由一个半封建半殖民地依靠洋油过日子的国家,进而转变为一个年产近两亿吨的世界产油大国。

二是从几个小油田年产油不到 10 万吨,仅依靠简单的行政管理,后来又实行高度集中的计划经济,至今又转变为社会主义市场经济,融入国际的世界经济社会。

三是由过去依靠油苗露头资料挖掘采油,到目前已开发了较大规模的 800 多个油气田,拥有现代化高科技装备,创造了具有中国特色的油田开发理论,即"分层(段)认识、分层(段)驱油、分层(段)保持压力开采"。这一理论符合我国地质特点,符合我国国情,符合我国油田开发的历史。

四是自实施"两种资源"、"两种市场"方针以来,走出国门,参与了20 多个国家的油田开发工作,促进了更为广泛的国际交流。

五是创立了大庆精神和铁人精神,这是精神变物质、物质变精神的宝贵经验。这是改变我们石油工业落后面貌无穷无尽的推动力。

六是创立了世界上没有的"干部工人岗位责任制",充分发挥了他们的积极性和创造性,把油田每时每刻发生的千千万万的事,由千千万万的人有组织、有系统、有标准地管理好。

当前,我国正处于大发展、大变革、大调整时期,国内对油气产量需求日益增多,油田开发的工程建设也必须持续发展。因此,我们开发战线要继续广泛、持久地学习"两论"提高思维能力,认真总结从实践中得来的认识,梳理出自己理论的新内容。当然,我们还要吸收别国的经验,但归根到底主要还是要有自己的经验。要进一步深入研究思考我国油田开发的规律,完善具有中国特色的理论,掌握油田开发的大趋势、大战略,作为今后油田开发的重要参考。

在本书的编写过程中,衷心感谢中国石油天然气股份有限公司总地质师、中国石油勘探开发研究院院长王道富对本书的关心和支持,衷心感谢中国石油勘探开发研究院专家室、开发所、开发规划所,以及大庆油田勘探开发研究院、采油工程研究院、大庆油田设计院、第一采油厂、井下作业分公司等单位所给予的大力支持和帮助!

由于我们经验和知识所局限,本书只是抛砖引玉,提出一点看法,对不足之处诚请读者批评指正。

目　　录

第一章 理 论 要 点

第一节 认识"地下"、改造"地下"

油田开发工程理论是在实践、认识、再实践、再认识的过程中逐步形成的,其目的就是不断研究搞清深埋地下的含油地质体情况,进而将其储存的原油采出。一个油田开发历程可以几年、几十年,甚至上百年,但自始至终都是按照这一法则反复进行的,因此,深化认识,从而掌握不同开发阶段的规律,是指导油田开发的最高原则,是实事求是的体现。

这个过程不是简单的重复,而是认识上的不断深化和提高,对这些规律的理性认识经过多次的实践,证明是正确的、有效的,这些理性认识就是理论,不能把理论神秘化,也不能庸俗化。

如何将开发过程的感性认识升华为理性认识,这一过程在实践中大致有如下流程:

(1)要取全取准必需的资料和数据;

(2)对资料和数据进行鉴定、分析、归纳与分类;

(3)从单井入手,开展井层、井组、区块、整套的开发层系综合研究;

(4)综合分析,冷静思考哪些做法对,哪些效果不好及原因,从对比得失、成功与失败中找出主观对客观的符合程度,这是最关键的一步;

(5)提出下一步工作部署、战略与战术的要求;

(6)进入新一轮的实践。

正如毛主席在《在中国革命的战略问题》中所指出:"关于指挥员

的正确的部署来源于正确的决心,正确的决心来源于正确的判断,正确的判断来源于周到的和必要的侦察和对于各种侦察材料的连贯起来的思索"。

上述的做法就是应用唯物主义世界观及辩证认识论来认识油田这个庞大而复杂的客体,进而提出符合我国国情且行之有效的油田开发战略。

第二节　研究驱油的动力与阻力

油田开发是一门复杂的物理力学,就其过程来讲,是原油在地下流动的动力不断克服其流动阻力,从油层各处流向井底,再从井筒将油举升到地面。

油田开发就是人们控制这一系统工程。如果压力控制得好,原油产量就大,也比较稳定,采收率就高;如果控制得不好,采油过程就很被动,油层压力下降,产量下降,含水上升,采收率也低。所以保持油层压力是油田开发的一项根本性措施,是油田开发的主导因素。

油田开发过程中应保持较高的地层压力,才能有较大的生产压差,才能有较高的产量,油井如果没有生产压差,那么产量等于零。

保持油层压力受地质因素控制,特别是由于我国大多是陆相沉积的油藏,含油层系较多,各层物性差异又大,所以造成各层的流动阻力差别很大,非均质性严重,在开发过程中要努力缩小这种差异,通过层系组合、油层改造和我们大量采用的油水分层工艺等措施,才能保持各层最佳的驱动方式,才能动用好各层的储量,提高总体采收率。

油田开发过程对油层的作用力,主要表现在动力和阻力两个方面。

一、动力

驱油的动力,包括边底水能量、重力作用能量、溶解气能量和弹性能量等各种天然能量。注水、注气、注各种驱油剂,即所谓的水驱、气驱、混相驱、化学驱、热力驱、微生物驱等,是人工驱动作用的驱动能量。这些能量以压力或压差的形式作用于油层,称之为驱动力。在驱动力的作用下,克服油层中的各种阻力,把油驱到井底,再举升到地面。

二、阻力

油层开发过程中在层内会产生以下五种阻力:

(1)黏滞力。流体在流动中,如果各层流体流速不同,层间将产生内摩擦力,这种力就叫黏滞力,其大小的力度量就是黏度。

(2)重力。地球对物体的吸引力称物体的重力,流体的重力一般用重率来表示,重率定义为单位体积流体所具有的重量,流体重量和它的相对位置联系起来,就表现为重力势,它可用压力表示。流体向上运动时,表现为阻力;流体向下运动时,表现为动力。

(3)弹性力。岩石和其中饱和的流体均具有压缩性及弹性,因此使得油、气流动过程中产生弹性力,为了综合考虑岩石及其中流体的弹性,引入综合弹性压缩系数的概念,即每降低一个大气压时,单位体积岩石中孔隙及岩石中流体体积的变化。应该指出,岩石弹性的变化是有范围的,当外力作用超过一定限度时,就会产生塑性变形,就是通常所说的压敏效应。流体在弹性变形介质中和在塑性介质中,流动规律是不同的。

(4)毛细管力。油气层是由无数个微小的毛细管连接组成的,当其中一种流体驱替另一种流体时,在两相界面上会产生压力跳跃,它的大小取决于界面的弯曲度,这个压力跳跃就称为毛细管力。

(5)惯性力。在渗流过程中表现为质量力,流体的质量特性一般用密度来描述,密度是单位体积流体具有的质量,当流体开始流动或流动速度改变大小和方向时,就会产生惯性力,它在渗流过程中主要表现为阻力。

油田开发过程中,在不同驱动力的作用下,不同油田的油层中这五种作用力的大小、方向相互关系不同,有时表现为动力,有时表现为阻力,因此开发效果也不同。为了开发好油田,就要深入了解油层中各种作用力的关系,尽量把阻力变为动力,以改善开发效果,提高油田采收率。

第三节 对油层和流体变化规律的研究

当选定"早期注水、保持压力开采"的方针开发油田后,对注水后油层和流体的变化规律需要不断加深认识。

油田注水后一切重大变化都受地质因素控制,储层的非均质性是油田变化的内因,注水是外因,外因通过内因起作用。

但是,搞清地下情况绝非是一件容易的事,在实际工作中只有极少一部分实际资料,还必须依靠人们主观的判断,这就要求主观上要有正确的哲理思维作指导。

油田有它自己的特性:一是隐蔽性,深埋地下;二是流动性,随着注水的推进,地下的原油也是流动的;三是多变性,注入剂和地下的原油及矿物颗粒表面都会发生物理、化学变化。所以油田开发后,地下不是静止的,而是运动的,由于我们工作对象时刻都在变化,所以不可能一次就认识清楚。

在没有注水之前,静态资料只是说明各层层间、平面、层内非均质的差异。注水之后,这种差异演变成了压力场的改变,产生相互干扰的矛盾,油田动态分析就是分析层间、平面、层内三大矛盾的具体表现及其最终变化结果,落实各层储量的动用情况、剩余油数量及分布范围。

储层研究是开发地质的核心内容,储层是油气聚集的场所,是我们直接工作的对象,对它的研究就是对剩余油的分布和数量测定的研究,这直接影响开发工作的内容和部署,是各阶段开发工作内容和布置的依据,是我们认识地下、改造地下的最终成果。储层研究实质就是搞清剩余储量分布和数量。

地质研究工作由于有上述内容,所以是一项事关全局的战略研究,对油田开发工作有直接指导意义。

油田开发包含了地震、测井、钻井、采油和地面集输等工程,都属于战术范畴。它们都是围绕这一地质战略目标发挥各自专业的技术。战略目标的实现又是靠各项战术支撑,这样就有机组合成油田开发的系统工程。

油田地下情况的变化主要有以下四个方面:

(1)对岩石骨架的影响和作用。

① 温差作用:由于注入水和油层温差很大,长时间巨大的温差使孔喉表面和内部骨架的收缩和膨胀发生不协调,导致地下储层孔喉网络中的胶结物及骨架矿物在原地产生机械破碎,这就是油层内物理风化作用。假如注入水溶蚀储层,造成孔喉骨架和网络破坏,就是储层内流体的化学风化作用。

② 剥蚀作用:是由于油藏流体长期对储层冲刷作用造成的,这种作用导致孔喉骨架和网络的破坏和改造,将其产物剥离原地,同时也是储层中物质运移的重要动力。

③ 搬运作用:机械搬运可使储层中的长石、黏土地层中的微粒产生运移。孔喉中的化学风化剥蚀产物,一般呈胶体溶液,一方面随油水搬运到地表,另一方面也可以搬运到层内小孔道地方沉积下来,从而改造和破坏储层的孔喉网络与骨架。

④ 沉积作用:油层内流体将搬运的物质带到适当的位置后,周围的环境发生改变,而将所携带物质沉淀下来的过程。它使孔道变小,甚至堵塞。

上述四种作用,引起储层孔隙度的变化、孔隙结构的变化、渗透率的变化和润湿性的变化等。

(2)对原油组分和性质的影响。

① 油田注水后,由于注入水携带溶解氧、微量元素和多种细菌进入地层,使储层水淹区原油发生氧化还原反应和生物化学作用,导致原油组分发生变化。

② 注入水与原油长期接触,使原油性质发生变化,这种变化主要体现在原油密度、黏度、含蜡量、含胶量和凝固点,以及体积系数、气油比、压缩系数和饱和压力等的变化。

(3)压力场的影响与变化。

由于注水开发过程中,累计注水量、累计采油量、累计采液量,以及注入压力、地层压力、井底流压变化,造成油层压力场、饱和度场变化。上述变化直接影响水驱波及厚度、波及面积、驱油效率及阶段采收率的变化。

(4)油井、水井套管损坏对油田开发的影响。

综上所述,这些影响形成了不同时期和不同阶段的剩余油(包括可动剩余油和残余油)数量及其分布状态。我们要求在开发过程中,录取大量井口和井下资料进行跟踪分析,为下一步调整挖潜提供科学根据。

第四节　采油生产模式

油藏采油生产模式,也就是采油量随着时间变化的曲线,大体分为三种类型。

一、高产稳产采油曲线

高产稳产采油曲线示意图如图 1 所示,为什么有这样的曲线:

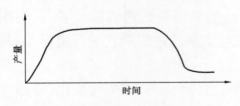

图 1　高产稳产采油曲线示意图

(1)油田产量较大,对本区乃至全国都有一定影响,油田产量不允许大起大落,否则会引起其他产业和本地区甚至全国的经济发生波动。例如,大庆油田为什么要求采取长期稳定高产这一开发方针,就是当时大庆油田产量所占比重较大,石油工业部要求"油田开发要适应国民经济发展的需求,保持一定的高产稳产期,力求取得较高的最终采收率和较好的经济效益。"这样保持了原油生产经常处于主动地位。

（2）这样做对认识地下情况比较有利，可以提供许多油藏生产动态资料，对下一步开发工作提供新的认识。

（3）下一步的开发准备工作比较充分。

二、短期高产采油曲线

短期高产采油曲线示意图如图 2 所示。

（1）西方国家追求企业的经济效益，不受政府制约，其目的是力求在短时期内资金得到回收，很快就转入盈利阶段。

（2）在某种特定的环境下，如海洋油田以及他们的生产设备和管网，受海水、海风的腐蚀，使用期较短，不可能稳产很长时间。

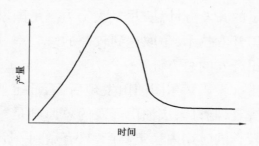

图 2　短期高产采油曲线示意图

三、低速开采采油曲线

规模较小的油田和一些渗透率比较低的油田，长期处于低速开发。低速开采采油曲线示意图如图 3 所示。

上述三种曲线的产生及原因有下列几点：

（1）国家政策的指导。

（2）企业内部条件的成熟程度。

（3）开发环境的影响。

这三种模式对阶段采出程度影响极大，但对最终采收率的影响，尚无定论。

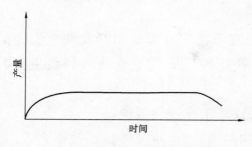

图 3　低速开采采油曲线示意图

第五节　基本技术政策

油田开发的方针政策是油田开发的纲领,提高油田采收率是一项基本的政策。

1954 年 12 月,玉门老君庙油田第一口注水井开始注水,标志着我国油田开发工作进入一个崭新的阶段,有了正式的开发方案。当时确定的开发方针是"尽最大努力满足国家对原油产量的需要,探索发展油田开发技术,争取达到较高的采收率",这是当时全国恢复上产时期油田开发的总方针。

大庆萨尔图油田发现后,石油工业部党组经过多次讨论并作出了决定,制订大庆油田开发的总原则是"以提高采收率为核心,在一个比较长的时期内稳定高产,只有做到一个比较长的时期内稳定高产,才能适应于全国各部门有计划发展的要求,才能充分发挥油田基本建设的作用,才能实现提高采收率的目的,只有提高采收率,才能够充分利用地下资源,给提高采油速度准备物质条件,实现经济合理的开发油田,也才能真正体现总路线的精神"。这个总原则阐述了大庆油田当时确定的高产稳产的缘由。

直到 1988 年 3 月,石油工业部部颁《油田开发管理纲要》第二条仍提出"油田开发达到设计标准后,必须保持一定的高产稳产期,并争取达到较高的经济极限采收率。"故大庆油田自开发以来,一直把提高采收率作为重要的技术政策。

1981 年,国务院副总理余秋里在石油工业部油田开发调整工作汇报会上,指出"……要在提高采收率上下工夫,把它作为一项最主要的技术改革。"

以后在各届领导具体推动下,这项工作进展很快。

提高采收率主要是两个系数的要求,一是驱油体积系数要大,二是驱油效率系数要高。回顾我们的历史,一般在开发初期都有所考虑、有所安排。但就目前来看,好油层采收率为 50% ~ 55%,差的为 20% ~ 30%。现在一些老油田、老油层已进入层内开发阶段,难度越来越大,更要把提高采收率作为重中之重。

油气资源是国家十分宝贵的财富。资源量是有限的,它不只是经济建设不可缺少的物质,也是国防建设的物质,又是与人民生活密切相关的物质,目前已成为国际政治、军事、经济斗争的重要筹码。因此,必须千方百计克服困难,保证国家下达的各项指标的完成,并追求有较高的最终采收率。

开发油田的企业要服从国家利益,这是社会主义企业的本质,有时从局部利益出发,可能困难较多,因而必须发扬奉献精神,转化矛盾,持续发展,创造更大的成果。

在油田开发过程中会遇到很多方方面面的矛盾,为保证这一根本任务的完成,要处理好下面一些关系:

(1)国家和企业的关系;

(2)长远和近期的关系;

(3)高产和稳产的关系;

(4)地面与地下的关系;

(5)速度与质量的关系;

(6)企业与农村的关系;

(7)油田与周围环境的关系。

对上述关系,要因时因地不同处理,权衡利弊取其轻。首先要保证当前国家下达各项任务的完成,这是一个国有企业应有的全局观点,也是我们社会主义国家国有企业性质所决定的。

第六节　油田开发的阶段性

油田开发按照传统观点,必须经过一次、二次、三次的开发阶段,但是这些阶段不可生搬硬套。在一次采油阶段,我国多数油田因原始地层压力和饱和压力相差较少,天然驱油能力较小,一般不经过这一阶段。为保持压力开采,就采用早期注水,目前大多数油田都处于注水阶段,我国油田因原油性质较稠,因此在注水后期仍然有相当一部分原油是在高含水期采出。因油井含水较高,采用注聚合物化学驱的办法来扩大水驱体积,提高驱油效率,但从分层开发的角度分析,尽管油井含水很高,甚至在90%以上,但分层水洗的程度大不相同,中高渗透层其水洗程度较高,中低渗透层水洗程度较低,都有提升的空间,总的采收率有望进一步提高。

因此,原来传统的设想与实际情况不完全符合,各油田都在考虑进一步改进分层开发条件,采用多种高科技措施,实行综合调整、强化开采,如在现场用"稳油控水"、"二次开发"等办法。所以,将油田开发的最后阶段定为强化开采阶段更为合适。

由于产量变化,开发对象转化,地下矛盾特点不同,相应的工程技术措施也不一样,我们将开发全过程分为四个阶段:上产阶段、稳产阶段、产量下降阶段和强化开采阶段。这与现场习惯的按含水的分法是相适应的,即低含水(含无水期)、中含水、高含水、特高含水。

一、上产阶段

该阶段是油田开发的开始,油田第一个开发方案实施,基础井网陆续投产,过去只是应用静态资料认识地下,后来,陆续取得大量动态资料,动、静结合,重新认识地下。由于油田开发和注水工作同时开始,更要注意油井受效情况的反应,对各项工程建设其适应程度都要仔细观察,这些对今后的工作影响甚大。这一阶段的采油速度持续上升,等到预定的油井全部投产,水井全部投注,这一阶段就全部结束。

二、产量稳定阶段

这个阶段的特点是产量较高,而且相对稳定,采油速度不是大起大落,至于需要稳定多长时间,要根据油藏类型不同及对产量的要求不同而区别对待。

在这个阶段,首先要根据生产的实际资料,核定开发储量,要核定原开发方案中单井产量、区块采油速度、注水量、含水率上升、保持压力等情况,与原方案进行比较,如有不当之处,立即进行调整。在这一阶段,我们利用油层非均质特点,针对层间、井间、区间开采不均衡的情况,充分实行调整措施,尽量降低含水上升速度,使采油量保持稳定,即"稳油控水",这个阶段持续时间越长,储量动用程度越好,开发水平也越高。

在这一阶段后期,因分层储量动用不好,采出程度还较低,会进行一次或多次的开发方案调整。

三、产量下降阶段

该阶段主要表现是产量下降较快,因此需要对开发层系、开发井网、注采方式等进行优化选择,对于钻井工程、采油工程等要采用新的工艺技术进行调整和改进。地面建设工程也因为注入量大量增加,油井产水量不断增多,要增加水处理设备装置。由于油水井的井况变差,必须及时打调整井更换。

以上一切工作都是围绕降低产量递减幅度。要充分调整井网层系控制程度,提高低渗透层和低水洗井层的动用程度。这一调整阶段是整个开发过程最困难和最复杂的时期。

四、强化开采阶段

该阶段采油速度较低,持续时间较长。为了更好地动用低渗透层和已水淹层的剩余储量,解决好油田地下矛盾,尤其是层内矛盾,要进一步提高各个层的水淹体积和驱油效率。

上述四个阶段也不是决然分开的,有时也有重叠。例如在稳产阶段,有时也采用强化采油和提高采收率的各种方法。

第七节　具体情况区别对待

世界上没有完全相同的油田,只有大致相似的油田。它们既有共性,也有个性。油田开发过程是发现矛盾、解决矛盾的过程,老矛盾解决了，新矛盾又出现，这样循环不止，如前所述要特别注意油田的个性矛盾，这样才会前进和发展。由于油藏类型不同，地质特点不同，所处的环境位置不同，当时国家有关政策不同，以及开发阶段不同，引起了多种复杂的矛盾。我们要研究它们相同之处和不同之点，分层次进行对比考虑，做到具体情况区别对待。

简单地说：

（1）首先要对比地质条件相似之处和不同之点。

（2）是否要注水，是早期注水，还是不注水。

（3）若注水，层系划分、井网组合是否相似还是不相同。

（4）是否要分层注水开发，或是其他方式开发。

（5）预计注水开发后期，主要应采取什么措施。

（6）预计三次采油措施内容。

在工作中特别要注意以下几点：

（1）切忌照搬照抄，要重视油田的共性，更要重视其特性，只有抓住特性，一切部署、措施针对性就会很强。

（2）所有措施和工作部署不可能十全十美，面面俱到，只能权衡利弊取其轻，选择利多弊少而行。

（3）抓主要矛盾带动全局。在多种矛盾中，要分析其相互的关系，找出主要矛盾，集中人力、物力、财力，形成解决问题的优势，迅速开拓新面貌，才能带动全局的发展。

（4）一切通过试验。当对问题还认识不清，或还无把握时，只有通过开发试验和工艺技术试验，吸取经验，突破一点指导全局。

例如大庆油田在开发历史上有100多项的开发试验，其中有四项试验对全局的开发起到了积极的指导作用。

（1）十大试验。

在20世纪60年代初期已发现了大庆油田，但对这个大油田怎样开发呢？依据当时国内外经验，如何运用到大庆油田，就从层系组合、井网布局、注采方式优选、保持油层压力等开展了十大试验，为制定油

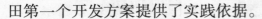

田第一个开发方案提供了实践依据。

（2）分层注采试验。

在注水三年左右,油井在见效的同时,一部分井见水,个别井含水上升快,这主要是因为高渗透层单层突进和单方向舌进。在认识到笼统注采情况下引起的水害后,便在油井、水井中用封隔器调整分层注入量,实行分层注采,找到了一条合理的、科学的分层开发道路。

（3）小井距试验。

为掌握油田开发的全过程有什么变化和规律,选择了一个单层,专门打了两个井组,井距只有 75m,从开始注水到含水 98% ,仅一年就走完了注水开发的全过程,这是探索注水开发总规律的试验,了解各个阶段油井产量、产水量、采油指数等变化,这对预测油田的动态、掌握其发展方向起到了十分关键的作用。

（4）三次采油提高采收率试验。

开展了聚驱、三元驱、气驱、CO_2 驱、热采、微生物采油等试验。

第八节　加强油藏科学管理

油田从投入开发第一天起,直到终止,都应对各阶段的开发方案、调整方案提出严格的管理要求,保证方案的各项指标都能完成,以达到在科学规范的控制下进行开发。

油藏科学管理主要内容包括以下 9 个方面:

（1）技术管理指标,包括:地层压力值（允许上升或下降的范围值）、保持含水升降值（允许上升或下降值）、油井产量递减值（综合递减、自然递减）,以及减少井况的损坏和各项技术工程的要求。

（2）生产管理指标,包括油井利用率、油井生产时率、注水时率、注水井利用率、分层注水井数和注水量层段合格百分数等。

（3）各项技术措施实施率指标,包括压裂、酸化、调剖、换泵等的实施率,预计完成井次,实际完成井次和预期效果。

（4）预计完成增产值和实际完成值,单井平均增油量和增水量等指标的分析。

（5）各项监测工作实施情况,包括测压资料、测试资料、分析化验资料等完成指标。

（6）新技术试验的实施资料、开发试验资料和分析意见。

（7）油井、油田动态分析的要求和资料。

（8）室内所做有关试验资料和分析意见。

（9）收集和分析国内外有关参考资料。

人是认识油田和改造油田的主体,油田开发是直接的生产活动,具有复杂的组织系统和社会化系统,油田开发工程建设是一种巨大的集体行动,因此,在加强油藏科学管理中人的作用起着决定的因素。

油田开发工作者"岗位在地下,斗争对象是油层",这一定位是对油田开发的主体与客体相互关系的高度概括。人在认识"地下"、改造"地下"的过程中,始终处于矛盾的主要地位,这就要求人们具有高度的自觉性、高度的技能、高度的组织性。

油田开发工程的本质特点已经决定了我们工作的出发点和落脚点是建立在"相信群众,依靠群众"的群众路线上,调动每个职工的积极性,什么困难也容易解决。在近几十年的实践中,已创造、运用许多先进的、有效的、切合实践的管理办法和制度,许多媒体对此有大量的报道和介绍,这里就不再赘述。

在油田开发过程中,始终要处理好人和油田的矛盾,而人又处于矛盾的主要方面,所以要调动人的积极性,提高人克服困难的能力,使之创新了又创新,发展了又发展,为此有几点值得注意:

（1）在油田开发过程中,是人取得了认识油田的许多信息,进而又是人使用多种仪表和设备,改造油层,把油采出,这要求人有高度的自觉性和能动性。

（2）油田开发工作是一项高科技工程,开发的难度越来越大,要求技术上不断创新,由此带来的风险也是越来越大,要求我们的工作"不犯无法改正的错误",这对工作的要求是很高的。

（3）油田开发要充分发挥群体作用,把各方力量动员起来。因此,所有员工必须牢固树立集体主义、群策群力、大局为重的思想。

（4）油田开发工作者是党和国家政策任务的执行者,是开发油田的主力军,要有坚决完成各项任务的决心,要有坚强的意志。

（5）在矛盾重重的实践中,必须要有分析矛盾和解决矛盾的辩证思维能力,坚持辩证唯物观,努力按客观规律办事,是所有油田开发员工不可缺少的基本素养。

第九节　探索未来,创新发展

中国陆相油藏的注水开发走过了光辉的 50 多年历程,不仅为国民经济的快速发展做出了突出贡献,而且形成了中国陆相油藏开发独具特色的理论和技术,使这一领域处于世界的先进水平。从细分储层沉积微相为特点的精细油藏描述、基于相控约束的地质建模,到油层的分类评价和多次加密调整不断提高油层的动用程度、逐级细分层系和精细分层注水等理论,为世界石油的技术进步做出了卓越的贡献。对未来的发展,简要地讲几点看法。

一、老油田二次开发

陆相油藏的最大特点就是非均质性极强,经过 50 多年的开发,老油田多数已进入"双高"开发阶段,多层间物性的差异和厚层内的强韵律性及长期水冲刷形成的大孔道引起无效水循环严重;服役数十年的油水井套管损坏（变形）、管外窜及地面集输处理系统均已不能适应当前开发需要;进入"双高"开发阶段的老油田递减幅度加大、含水上升加快;依靠现有的开发系统进一步增加可采储量的空间有限,这不仅是我国石油工业,也是世界石油工业面临的共同难题。

中国石油先后提出并实施"稳油控水"、"二次开发"等战略性的措施,不仅对当前"双高"开发阶段的老油田进一步提高采收率有重要的现实意义,而且对今后老油田可持续开发有着长远的战略意义。其核心就是针对已开发多年的油田地下储层孔喉结构和油水分布的变化,采用新的观点和思路进一步认识油藏的特点;针对现有的层系和井网已严重不适应并难以解决层间和层内更为突出的矛盾,再加上很差的井况需要修复和弃置等,迫切需要建立与油藏相适应的新的井网系统;由于地下油水比例发生显著的变化和系统设施的老化,地面流程设施有待进一步重组优化。

回顾中国陆相油藏 50 多年的探索过程,主要是不断深入精细地质研究,对储层非均质单元的认识逐步细化,并通过多次加密调整使层系井网得到有效控制。如开发初期一套井网控制一两个砂岩组或一两个油层组甚至更多,开发中期含水大幅度上升后,再把主力层与非主力层分井网控制,尽量控制到小层单位。这一整套逐级细化的思路在矿场实践取得很好的效果。因此,认识储层的非均质性并解决储层的非均质性是二次开发的核心,要努力实现最精细化的单元刻画,特别是在注水开发后期阶段,层间矛盾已逐渐转向层内矛盾,解决层内矛盾的关键就是要对单砂体及其内部构型进行精细刻画。

概括来说,就是把"单砂体及内部构型"作为精细化的单元,以此为基础,提出"整体控制、细分层系、平面重组、立体优化、深部调驱和'二三结合'",作为"二次开发"的技术路线。由于特高含水开发阶段,单砂体及内部构型控制着剩余油分布和油水运动规律,所以,总体控制就是通过细分层系(内)、平面优化重组井网和完善单砂体为单元的注采关系,强化对单砂体的驱替效率,并辅之深部调驱达到最佳驱替。另外,对单砂体进行井网控制,必然需要一定的井网密度,因此,控制单砂体的水驱井网要与后续的三次采油井网紧密结合。"二三结合"的技术思路从技术经济方面支持了控制单砂体的水驱井网。这样的思路完全符合当前油田开发的实际需要,一方面实现了水驱阶段以单砂体为单元的驱替效率最大化,另一方面为后续三次采油阶段奠定了很好的基础,能够最终实现大幅度提高采收率的目的。

二、特低渗透油田的成功开发打破了开发的禁区

一般来说,储层渗透率小于 10mD 的油藏统称为特低渗透油藏,储层渗透率小于 1mD 的油藏称为超低渗透油藏。我国近年开发的吉林新民和长庆安塞、靖安油田均属特低渗透油藏。松辽盆地埋深大于 2000m 的扶杨油层、鄂尔多斯盆地大于 2000m 深的延长组油层,均属于超低渗油藏。特低渗透油藏的成功开发,经历了艰苦的探索历程,突破了传统观点的束缚,打开了开发的禁区。

特低渗透油藏的特点是储层渗透性差、渗流能力弱,只有通过水力压裂才能获得一定的产能。另外,这类油藏天然能量比较弱,需要人工注水补充地层能量得以有效开发。从"八五"以来,中国石油持续攻关,首先是围绕储层压裂改造及人工裂缝与井网的整体优化开展工作。其次,又探索特低渗透油藏早期注水保持地层能量的独特开发方式,终于在 20 世纪 90 年代成功开发了吉林新民和长庆安塞油田,积累了丰富又宝贵的特低渗透油藏开发经验。应该说是解放思想,创新观念,打破禁区,实现了从思想认识到生产实践的飞跃,形成了中国石油特低渗透油藏有效开发的配套技术,在国际上属领先水平,丰富了世界石油工业的油田开发理论。近几年又加大了对超低渗透油藏开发的技术攻关,初步形成了有效动用的配套技术,成为长庆油田油气当量五千万吨生产规模的重要技术支撑。

中国石油从 20 世纪 90 年代以来,积极大胆地探索,历经 20 年攻关,形成了特低—超低渗透油藏有效开发的配套技术。在 90 年代请国外大油公司咨询,对"磨刀石"一样的储层,他们彻底否定能够开发。近年来常常跟国际大油公司研讨谈及这类油藏,仍让他们望洋兴叹!无论怎么说,经过中国人的努力,把不可能的事变成可能,是世界的奇迹,为世界油气开发理论技术的进步做出了卓越的贡献。因此,这既是中国油气工业也是世界油气工业宝贵的重大科技创新。

特低渗透油藏开发进入中后期,特别是进入中高含水阶段后,与中

高渗透油藏有显著的区别,采液指数下降,采油指数下降的幅度更大,逐步趋于高含水关井,对特低渗透油藏进一步提高采收率和可持续发展构成了严重的威胁。中国石油超前储备、积极探索利用气驱(二氧化碳驱、空气/氮气驱等)和化学渗析等新驱替体系的观点和思路,较大幅度提高采收率取得重要的进展。这正是我们富有特色的经典水驱理论技术基础与气驱和化学驱创新的结合,实现多元化驱替,也是适时转变开发方式、科学发展和可持续发展的重要成果。

三、三次采油提高石油采收率技术进展

三次采油技术(EOR)是通过改变驱替剂的物理化学性质,从而提高波及程度或驱油效率,并最终提高原油采收率的油田开发技术。目前世界范围内主要应用的三次采油技术包括化学驱、气驱、热力采油,以及向采油井注入微生物或间接地改变地层液体物理化学性质的微生物采油技术等。一般来讲,三次采油可以在二次采油的基础上,把原油采收率再提高 $10\% \sim 20\%$,甚至 20% 以上。近年来,我国三次采油提高采收率技术进展迅速,在原油生产中发挥着越来越重要的作用,成为增加可采储量和保持原油产量稳定和增长的重要技术手段。

1. 化学驱提高采收率技术

化学驱包括聚合物驱和化学复合驱。经过近十年的攻关,我国化学驱技术经历了室内研究、先导试验和扩大试验三个阶段,目前已经进入工业化应用阶段,年增产原油 $1300 \times 10^4 t$ 以上。

(1)聚合物驱已实现大规模工业化应用,形成了成熟的配套技术,是目前推广应用的主要三次采油方法。继大庆油田一类油藏聚合物驱成功以后,近年来二类油藏聚合物驱研究与应用也取得重要进展。通过精细地质研究,搞清了聚合物驱二类油层的地质特点,确立了以提高聚合物驱控制程度为核心、"细分层系、缩小井距、限制对象、优化注聚方案"的二类油层聚合物驱开发总体原则,深化了对二类油层聚合物驱与一类油层聚合物驱主要差异的认识,开发了聚合物驱单管分质分压

注入工艺和测试调整技术,实现了单井纵向分层配注量及分层相对分子质量的双重控制,形成了较为成熟配套的二类油层聚合物驱油技术,取得了提高采收率8%以上的好效果,并已经开始工业化推广应用。除大庆油田以外,我国还在胜利、大港、新疆等各大油田相继开展聚合物驱先导试验和矿场工业化应用,均获得了成功。

(2)化学复合驱研究与现场试验取得重大进展。

① 强碱重烷基苯磺酸盐三元复合驱具备了工业化应用条件,突破了低酸值原油无法形成超低界面张力的传统理论,创新了表面活性剂与原油匹配关系的理论,成功研制出具有自主知识产权的强碱重烷基苯磺酸表面活性剂,生产能力达每年6×10^4t。在建立一套较为完善的复合体系综合评价方法的基础上,已初步形成了分层注入、清防垢、配注及采出液脱水等配套工艺技术,平均检泵周期达到300天以上,实现了三元复合驱两层以上分注,三元溶液最大黏度损失率小于8%,配注合格率80%。开发出强碱三元复合驱采出系统工艺配套技术,达到处理后净化油含水不超过0.5%,污水含油量和悬浮固体含量均不超过20mg/L的技术标准。"十一五"期间,大庆油田共开展了四个复合驱工业性矿场试验和四个工业化推广区块,均取得了显著的增油降水效果。截至2010年底,北一区断东二类油层强碱三元工业试验中心井区阶段采收率提高23.6%,预计能提高24.2%;南五区强碱三元工业试验中心井区阶段采收率提高16.9%,预计能提高18.1%;喇北东强碱三元工业试验中心井区阶段提高采收率16.6%,预计能提高19.4%。

② 弱碱三元复合驱现场试验初步见到好的效果。应用反序脱蜡和糠醛抽出油混合调配成芳烃含量较高的原油作为磺化原料,研制出弱碱石油磺酸表面活性剂,具有较宽的超低界面张力范围,并实现工业化生产。大庆油田北二西弱碱石油磺酸盐三元工业试验中心井区阶段提高采收率13.5%,预计提高19.5%。

③ 表面活性剂/聚合物无碱二元复合驱研究取得突破。设计合成了具有芳基烷基结构的甜菜碱型两性表面活性剂,在无碱和弱碱条件

下与大庆原油界面张力达到了 10^{-3} mN/m 的超低界面张力,具有优秀的抗吸附能力,室内天然岩心试验提高采收率18%以上。已经完成吨级产品中试,具备了开展先导试验的条件。

(3)目前大庆油田在聚合物驱后提高采收率室内技术研究方面取得了一定的进展,先后探索研究了聚合物驱后泡沫复合驱、微生物采油、热力采油、泡沫驱、高浓度聚合物驱和聚合物表面活性剂驱等提高采收率方法,并且开展了几项先导性矿场试验。从目前的室内实验研究结果和矿场试验效果看,聚合物驱后提高采收率效果并不明显,需要进一步攻关。

2. 注气提高采收率技术

2005年《京都议定书》生效,减排二氧化碳(CO_2)成为全球经济发展的重要约束性目标之一。将 CO_2 注入能量衰竭的油层可提高油气采收率,已成为世界许多国家石油开采业的共识。注 CO_2 一般可提高采收率5% ~15%,延长油井生产寿命15~20年,既可实现使气候变暖的温室气体的减排,又可达到增产油气的目的,是实现 CO_2 减排的社会效益和经济效益的最佳途径。从技术成熟度分析,国外 CO_2 驱油技术接近成熟。由于我国陆相沉积环境的特殊性,例如储层砂体受沉积期次及窄河道控制,平面展布与连通性差,非均质性严重,原油中重质成分多,加之地温梯度偏高,原油与 CO_2 混相的条件苛刻。因此,国外的技术不能照搬,必须针对我国油藏的特点,攻关 CO_2—地层油体系相态特征、体现气驱特征的储层描述与油藏工程设计、CO_2 非混相驱扩大波及体积等应用基础和关键技术。近5年来,我国 CO_2 驱油与埋存取得重大进展,与国际水平同步。

(1)丰富了 CO_2—地层油体系相态特征实验研究方法。总结出适合我国陆相沉积储层原油特点的 CO_2—地层油体系、相态特征分析与关键参数表征的实验项目及其实验方法与标准规范;明确了 CO_2—地层油体系六类实验项目,完善了六大类25个单项实验的实验方法与技术规范,其中常规 PVT 实验方法已升级为国家标准,填补了我国石油工业在 CO_2—地层油体系相态实验技术方法与规范方面的空白,丰富了 CO_2—地层油体系相态特征实验研究方法。

(2)建立了体现注气特点的动静态结合的岩性油藏描述技术。为探索和形成提高特低渗透储量有效动用率的关键技术,中国石油在吉林大情字井油田开展了 CO_2 驱油与埋存先导试验。在 CO_2 驱油与埋存方案设计与优化过程中,突破常规水驱油藏的地质框架,将反映试验区基本地质特征的静态资料与影响注气效果的关键地质因素相结合,形成了以现代试验与测试分析手段为基础的储层非均质性、裂缝方位及分布、单砂体展布和连通程度等的精细描述方法,建立了适合气驱特点的沉积时间单元细分层系和以沉积时间单元为最小单位精细刻画各类储层的技术方法,为注气方案设计和数值模拟研究提供较为准确的地质基础。

(3)CO_2 驱油方案优化设计技术。在传承水驱开发方案编制经验的基础上,以 CO_2 驱油机理为指导,紧密结合吉林油田黑 59 先导试验区的实际,重点研究气驱特点和规律,形成了以地层压力和注采比的最佳匹配关系为主要控制参数,以 CO_2 驱效果为关键目标,充分考虑层系与井网优化、注入方式与段塞周期、注采工作制度等因素的油藏工程方案设计方法,综合国外 CO_2 驱的经验,结合我国低渗透油藏的特点,考虑混相驱和非混相驱的差异,形成了以早期注气提升地层压力、油井间开(HWAG – PP)控制气体突破、不规则 WAG 扩大波及体积为特色的 CO_2 驱油藏方案设计技术。

(4)初步形成 CO_2 驱的注采、监测、防腐等配套技术。形成了有腐蚀检测装置的 5000psiCC 级注气井口、气密封螺纹内涂层油管、耐腐蚀(13Cr 材质)封隔器、封隔器以上环空加水基油套环空缓蚀剂,以及采用残余浓度和腐蚀测试筒及井下挂环器进行腐蚀监测等工艺技术;注气工艺采用全井混注,管柱主要由封隔器、球座、筛管测压接头及测腐接头等组成;形成了由 3000psiCC 级井口、耐腐蚀的管柱及工艺,IMV –

871 – GH 或 FRD – 10 水基缓蚀剂、加药车间歇加注缓蚀剂和平衡罐连续加药的工艺的两段加工工艺,以及安装井下挂片器监测缓蚀剂残余浓度等的采油井配套工艺;形成了试验区 CO_2 驱的吸入状况监测、产出状况监测、注采关系监测、地层能量保持与利用状况监测、前缘及混相状况监测等动态监测实施方案与技术体系;筛选出适合含 CO_2 气藏 CO_2 驱经济可行的材质系列,CO_2 驱注采井材质在配合缓蚀条件下可以采用普通碳钢(N80、P110),地面系统中的高压集气系统和处理系统选择 316L 或 304 钢材质,研制出了适合不同工况的缓蚀剂配方系列。

吉林大情字井黑 59 试验区于 2008 年 10 月开始 CO_2 驱,目前累计注入体积 0.2343HCPV,地层压力保持稳定,基本处在混相驱状态生产,单井产量、采油速度均保持较高水平,单井产能稳定在 2.5t/d,是水驱的 1.5 倍,采油速度保持在 2.4% ,是水驱的 1.6 倍,应用多种注采调控措施有效控制了气体突破,实现了试验的预计目标,与相邻水驱区块对比,累计增油 1.4×10^4 t,阶段 CO_2 埋存率为 92.6% ,预计提高采收率 10% 以上。

国内 CO_2 气驱研究已逐步由室内实验研究转向先导试验和工业化推广规划阶段,预计"十二五"形成 50×10^4 t 生产能力,将成为低渗透、特低渗透油藏提高采收率的主要技术发展方向,具有广阔的应用前景。

3. 稠油热采提高采收率技术

我国陆上稠油资源比较丰富,预测资源量 198×10^8 t。与国外相比,我国稠油具有"埋藏深、物性差、未动用储量大"等突出特点,70% 的油藏埋深大于 600m;油层产状为薄互层,储层物性差,非均质性强;超深、超薄、超稠油和滩海稠油等未动用储量占 47% ,稠油经济有效开发技术难度大。"十五"末期,绝大部分热采区块进入蒸汽吞吐后期,产量步入快速递减阶段,而蒸汽吞吐后期的接替技术尚处于先导试验阶段。通过"十一五"主体开发技术的攻关创新、成果转化与应用,有效延长了部分老区蒸汽吞吐的经济生命周期,稠油开发的主体技术由

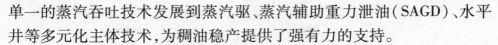

单一的蒸汽吞吐技术发展到蒸汽驱、蒸汽辅助重力泄油(SAGD)、水平井等多元化主体技术,为稠油稳产提供了强有力的支持。

(1)蒸汽驱在中深层Ⅰ类稠油油藏工业化规模应用。

① 形成了"以地层非均质研究为基础,以开发动态监测分析法、检查井取心分析法、精细数值模拟方法为手段"的剩余油研究方法,对剩余油分布特点有了新认识。

② 初步形成了中深层稠油蒸汽驱动态调控技术。利用多因素评价模式建立了中深层蒸汽驱开发阶段划分原则,系统总结了蒸汽驱先导试验、扩大试验的生产动态规律,将蒸汽驱划分为热连通、驱替、蒸汽突破和剥蚀四个阶段,依据不同阶段蒸汽腔的不同扩展规律,提出了分阶段的优化调控技术。

③ 中深层蒸汽驱工艺技术不断完善,形成了高温不压井作业技术、长效高干度分层注汽技术、高温高效举升技术、毛细管分层测压和井间示踪剂"一体化"监测技术等中深层蒸汽驱工艺配套技术。

通过以上关键技术的集成配套,辽河油田齐40块蒸汽驱150个井组已全面转驱,覆盖石油地质储量 $3774 \times 10^4 t$,2010 年产油 $66.3 \times 10^4 t$,蒸汽驱实现了工业化规模应用。

(2)超稠油 SAGD 核心技术实现了引进再创新,直井水平井组合 SAGD 技术在中深层Ⅰ类稠油油藏中实现工业化应用。

① SAGD 基础研究取得突破性成果。科学地划分了 SAGD 三个开发阶段,即:蒸汽驱替、蒸汽驱替加辅助重力泄油、辅助重力泄油三个阶段;研究出了转入 SAGD 的合理时机,深化了蒸汽腔与产液量、产油量之间的匹配关系,掌握了 SAGD 三个开发阶段的油井生产时间、生产能力及其变化特点。以杜84为例,蒸汽驱替阶段历时 8~9 个月,日产量50t 左右,复合阶段历时 7~8 个月,日产量 50~90t,泄油阶段历时 3~4 年,日产量大于100t。

② 集成和研发了 SAGD 动态监测技术,引进并创新了耐高温大排量高效举升技术,泵径 $\phi 120mm$,耐温230℃以上,最大排量 $400m^3/d$,

满足了中深层 SAGD 生产需要。截至 2010 年底,辽河油田曙一区杜 84 块 SAGD 累计转入 26 个井组,SAGD 汽腔稳定扩展,产量持续增长,日产油由 2010 年初的 955t 上升到年底的 1150t,2010 年产油 31.4×10^4 t。曙一区预计将实施 109 个 SAGD 井组,提高采收率 30% ,增加可采储量 1312×10^4 t。

(3)形成了水平井开采稠油的配套技术,水平井应用领域不断拓展,应用规模不断扩大。研发与集成了薄层稠油储层预测、水平井老区剩余油挖潜、水平井分段完井、水平井温度压力直读监测、水平井连续负压冲砂等技术。"十一五"期间辽河油田中深层稠油实施水平井 600 口,累积建产能 200×10^4 t/a;新疆浅层稠油油藏共完钻稠油水平井 592 口,累积建产能 11.5×10^4 t/a。

(4)浅层超稠油双水平井 SAGD 技术取得突破,先导试验取得成功。在深入认识双水平井 SAGD 开发机理的基础上,形成了双水平井 SAGD 油藏工程优化设计、双水平井 SAGD 循环预热启动等技术,集成了均匀配汽工艺、多用途 SAGD 井口、直井水平井平面纵向一体化、温度压力一体化监测及大排量举升等 SAGD 采油配套技术。以上关键技术的集成配套,有力推动了双水平井 SAGD 试验的成功实施,新疆重 32 井区部署实施 SAGD 双水平井 4 对,观察井 12 口,2010 年底平均日产油 18 ~ 22t,比普通水平井蒸汽吞吐提高了 3 倍。重 37 井区共实施 SAGD 双水平井 5 对、SAGD 双水平井 + 直井 2 对、单井 SAGD 水平井 1 口,观察井 24 口,2010 年底井组平均日产油 14.6t,比普通水平井蒸汽吞吐提高了 2 倍。双水平井 SAGD 先导试验取得成功,使新疆风城 3.0×10^8 t 未动用超稠油储量的规模开发成为可能。

(5)火驱技术由室内研究走向先导试验,并初见成效。通过技术攻关,注蒸汽后低饱和度油藏火驱高效点火技术、注气及安全监测工艺取得突破。初步形成了火驱油藏工程优化设计方法,研制了适合于注蒸汽后低含油饱和度条件下的点火器,初步探索了火线前缘调控技术,集成配套了火驱注采工艺技术,完善了火驱监测及尾气处理的工艺技术。火驱试验进展顺利,已见到较好苗头,在新疆红浅1井区转驱3个井组,截至2010年底,火驱累计增产原油3400余吨,见效井平均日产量1.5~2t。筛选评价适合覆盖稠油Ⅰ类储量5600×10^{4}t,Ⅱ类储量1×10^{8}t,预期最终提高采收率20%以上。

4. 微生物驱提高采收率技术

微生物驱总体上正处于探索阶段,近年来取得的主要进展有:

(1)将微生物分子生态学方法引入典型油藏微生物群落结构的系统分析,明确了本源微生物功能种群,实现对激活目标锁定。

(2)对大庆、大港等油田超过100个区块的油藏采出液微生物群落结构进行了分析,建立了我国迄今为止最大的石油微生物菌种资源库。

(3)机理研究有新认识。生物量的差异对微生物的乳化能力造成影响,表明微生物细胞和代谢产物两方面的作用在原油的乳化中共同发挥作用。油藏条件下微生物对原油降解作用比较有限,主要以乳化降黏为主。

(4)建立了一套系统的激活体系筛选优化和评价实验方法。本源微生物驱在大港、大庆、新疆等油田开展了矿场试验,取得了初步效果。

第二章 主要技术

本章内容是对现场实际技术应用的总结,将行之有效的做法归纳提炼。但因受到当时对地下情况的认识和技术的限制,内容可能不全面。由于油田投入开发时间不一,各专业技术发展也不相同,在技术应用中应针对各油田的实际来选择组合。

第一节 开发地震技术

一、开发准备阶段

应用地震老资料精细处理、地震构造解释、地震储层预测和油气检测技术,建立油藏概念地质模型,圈定油藏范围,估算储量,确定评价井和探边井井位。

二、开发建设阶段

利用高精度三维地震进行精细构造和断层解释、储层特征预测及流体识别。需要采用的地震技术包括:

高精度三维地震采集技术;

叠前时间偏移或叠前深度偏移成像技术;

分析和消除采集脚印和表层不均匀印记技术;

相干体断层分析技术;

变速作图技术;

地震反演技术;

地震属性技术;

三维可视化技术;

纵波方位椭圆法或横波分裂法裂缝预测技术;

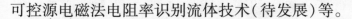

可控源电磁法电阻率识别流体技术(待发展)等。

三、开发初期

采用油藏描述地震技术,充分发挥地震面积上密集覆盖的优势,改善油藏的空间描述,包括油藏形态描述、储层分布预测、储层参数估算、油气藏分布预测等,优化油藏地质模型。技术关键是地震与钻井的结合,核心技术是地震—测井联合反演,既发挥了地震横向预测的优势,又保留了测井的垂直分辨率,实现了地震约束下的测井非线性内插。另一项重要技术是与钻井结合的地震属性分析技术,例如,地震属性与井孔数据线性加权组合的储层和油藏的特征、参数估算的地质统计技术,波形分类岩相识别技术,频谱分解砂岩体圈定技术,以及正在发展中的叠前弹性参数反演预测岩性和油气藏分布技术等。

四、开发中期

开发初期的地震油藏描述被用于最初的开发方案设计,随着开发井的钻进,测井、岩心、测试等更多的信息要被用于修正和细化最初的描述。三维地震中一些信息最初曾是模棱两可的,现在,随着钻井的增多开始有意义了。三维地震的进一步深入应用,使油藏地质模型变得更精细、更完美。因此,需要使用油藏交互迭代描述地震技术,更有效地设计加密井、探边井,调整开发方案。技术关键仍然是地震与钻井的结合,核心技术仍然是地震—测井联合反演。成功的实例是海外委内瑞拉英特尔甘博油田,开发后50年,应用一块西方地球物理公司1992年做的老三维地震资料,结合开发井,一个人用一台计算机,进行地震—开发井交互迭代油藏描述,使日产量最高达到 3×10^4 bbl❶,1970年高峰日产油 3.85×10^8 bbl,而中石油接管时,仅日产 0.33×10^4 bbl了。如果是老油田,开发初期使用的是二维地震,或使用的三维地震采集的时间是21世纪初以前,就需要进行新的高精度三维地震采集,然后结

❶ 1bbl = 158.987L。

合已有开发井进行新一轮的油藏描述,进行开发调整。成功的实例是中海油的流花 11－1 油田,1993 年用二维地震开发,1996 年采出 $600 \times 10^4 t$,含水上升 81.6%,然后做三维地震,地震—测井联合反演孔隙度体,发现含水上升率受水平井下伏隔层控制,隔层孔隙度高时,含水上升快,据此对开发井做了调整,改善了开发效果。与开发井结合的许多地震技术在此阶段都可以应用,例如:地震属性与钻井测井结合的地震统计法估算渗透率的平面变化;井间地震和三维垂直地震剖面法要比地面地震分辨率高,需要完善和发展技术方法,投入应用;还有微地震监测压裂等。

五、开发晚期

利用新做的精细开发三维地震查找微构造和小断层,对油藏进行地震历史拟合,即对油藏地质模型进行地震反演,通过与实际三维地震逐道进行对比,修改油藏地质模型,直到模型地震道与实际三维地震道最佳拟合为止,得到现今最佳油藏地质模型,调整注采方案,提高采收率。

利用开发前后两次三维地震组成时间推移地震,经过叠加前和叠加后互均化处理,消除两次三维地震因为采集和处理不同引起的地震属性差异,保留油藏因开采不同而存在的地震属性差异,通过对两次三维地震属性求差值,确定由于开采而存在的油藏变化,圈定剩余油分布区。油藏数值模拟只是一种预测,而时移地震是流体成像,是一种好方法。

利用地震叠前反演技术求得纵波、横波速度和密度,或者利用陆上三分量检波或海上四分量检波量,进行多分量地震勘探,求得纵波、横波反射,就可以通过计算弹性模量求取剩余饱和度,估算剩余油分布区。油田进入晚期高含水期,使用常规阿奇方程,用电阻率计算已经失效,且对井间和井外边没有预测能力。因此,应用地震叠前反演或多分量地震技术预测开发晚期剩余油分布是一种有前途的方法。

六、强化开发期

应用岩石物理分析技术分析地震监测增产措施的可行性,为四维地震油藏监测技术提供应用的依据。

应用四维地震油藏监测技术监测热驱、气驱和水驱等增产措施的实施效果,为强化开发方案和调整提供依据。

应用仪器化的油田地震监测技术安装永久性地震采集系统,进行四维地震监测,提供大尺度油藏流体流动实时成像,与现有井口仪器小尺度监测配合,不断最佳化采油,降低强化开发成本。

第二节 开发测井技术

测井技术是获取井下信息的重要手段,它的特点是成本低,信息量大,分辨率高。通过现代信息传输技术,将井下获取的大量数据传输到地面工作站或处理解释中心,再经各类软件处理,可以得到开发油田所需的储层评价、油藏动态、产出和注入面、剩余油分布、套损窜漏等方面的参数和信息,为计算储量、建立地质和油藏模型、制订开发方案和以后的方案调整、油藏管理等各重要环节提供基础资料和依据。测井技术用于油气田开发的全过程。测井技术是一个发展很快的专业,随着测井仪器和方法的不断更新和完善,它将测取更广泛和更精确的信息,为油气田开发提供更大支持。

一、开发初始阶段测井

与勘探测井不同,在油气田开发初始阶段,可以用较多的钻井、试油和地质资料对测井曲线进行刻度或标定,通过多井解释平台作更精细的储层评价和油藏描述。在此阶段测井的目的是为建立油藏地质模型、制订开发方案提供基础资料。必须在参数井、评价井完井时测全所谓常规测井系列,它包括:

(1)三条岩性曲线:自然伽马曲线、自然电位曲线和井径曲线。

(2)三条电阻率曲线:砂泥岩地层用深感应、中感应、微电阻率测井;火山岩等硬地层用深侧向、浅侧向、微电阻率测井。

（3）三条孔隙度区线:中子—中子测井、补偿声波测井和补偿密度测井。

上述 9 条测井曲线在一般情况下可以提供储层厚度、岩性、孔隙度、渗透率(据岩心孔隙度—渗透率关系)、含油饱和度等重要参数。

对于重点井、参数井、取心井,还要根据本油田实际情况选测一些特殊测井项目:

（1）不同阵列感应(或侧向)测井。由多条不同探测深度的电阻率曲线组成,用这些曲线间的差异能较直观地判断渗透层和致密层,根据差异的正负性可区分油水层。这种方法特别对于各种地质或工程原因造成的隐蔽性(或低阻)油层的识别有很大帮助。

（2）核磁共振测井。通过观察地层中氢元素质子的核磁共振弛豫特性可以求得地层孔隙度、渗透率、饱和度等参数。能进行孔隙结构分析,区分孔隙中的自由流体和束缚流体。这对识别由于岩性细、含泥量高而形成的高束缚水饱和度油层(也是一种低电阻隐蔽性油层)很有用,特别是与阵列感应测井配合能对疑难层、边缘层、隐蔽性油层作出合理解释。

（3）自然伽马能谱测井。我国油田多为陆相地层,特别是快速堆积物矿物成熟度低,岩石骨架也含放射性而使纯砂岩自然伽马值高。在还原环境沉积的碳酸盐地层,放射性同位素铀往往与有机质一起沉淀在岩石的裂缝或溶孔中,使裂缝渗透层也呈高放射性,这些都给测井解释造成困难。自然伽马能谱测井测量地层中放射性同位素铀、钍、钾的含量,可以认清出现高放射性的原因,避免测井解释的误判,同时有助于火山岩岩性判别。钍钾比、铀钾比等参数对地层对比也很有帮助。

（4）电缆地层测试器。在油、气、水关系复杂的油藏,用电缆地层测试器(RFT 或 MDT)可以进行多处流体取样、压力及压力恢复测量,根据压力梯度和流体样品确定油—气,油—水界面。压力恢复数据可计算井壁附近地层渗透率。新一代模块式地层动态测试器能对采集流体的吸收光谱或电导率进行分析,增加对井下流体的识别能力,并提供实时地层压力以及水平和垂直渗透率测量。

(5)井壁成像测井,包括电成像(FMI 等)、声成像(UBI 等)。可以得到井壁二维或井眼周围某一探测深度范围内的三维图像。特别是在碳酸盐岩、火成岩、变质岩、致密砂岩等硬地层中,它能直观地显示裂缝和溶洞在井壁的分布情况,并可求得缝洞的各项参数,还可观察岩石的结构和沉积构造,进行沉积相的研究。

(6)偶极声波测井(DSI)。这种仪器可作普通声波、阵列声波、偶极声波、斯通利波等多种测量。其作用是:① 提供横波资料,与纵波资料配合可以识别气层,区分岩性,计算岩石力学参数等,实现多种应用。② 通过正交偶极声波测得的快、慢横波确定裂缝或地应力场方向。③ 测量斯通利波能量及其变密度显示,以识别裂缝和计算裂缝渗透率。

二、开发过程中的测井

我国油田用天然能量的开发期很短,要通过注水驱油的方式补给能量,保持地层压力,以达到稳定产量提高采收率的目的。所谓开发过程中的测井就是指注水开发后对调整井、加密井、更新井等进行的完井测井。这时测井的任务不但要做一般的储层评价,更重要的一个任务是确定剩余油饱和度,以此来评价储层被水淹的程度,也叫水淹层测井。

储层被水洗以后,其物性包括泥质含量、孔隙度、渗透率、含油饱和度等都会发生变化。注入水更可引起原地层水含盐量发生变化。注水开发前用电阻率计算含油饱和度公式中一个重要的参数是和地层水含盐量有关的地层水电阻率(R_w)。水洗后混合液电阻率发生了变化,给剩余油饱和度计算带来困难。目前解决这一问题有两个途经:

一是通过自然电位和激发极化电位曲线求地层水电阻率。普通自然电位曲线也能计算地层水电阻率,但不够准确,两者组合才能定量求

解 R_w。并可用求得的混合液含盐量与原始地层水含盐量的相对变化关系分析油层受水淹的程度。再辅以环自然电位、自然电流等测井,并综合常规测井研制出各种经验的水淹层解释方法,在各油田取得了较好的效果。

二是选用与地层水含盐量无关或关系较小的测井方法,求取剩余油饱和度,这些方法有:

(1)电磁波传播测井。电磁波传播测井用来测量地层的介电常数,所以也称介电测井。该仪器在井下用发射天线发射高频电磁波,由两个不同距离的接收天线测量其幅度衰减和相位移,从而计算出地层介电常数。水的介电常数为 78～81,而原油的介电常数 2～2.4,有很大的差别,可以用来区分油水层和计算含油饱和度。用不同频率和结构的双频介电测井可以探测井下地层不同深度的含油情况。

(2)中子寿命测井。脉冲中子源向地层发射快中子后,观测热中子的衰减速度而测得地层的宏观俘获截面。当知道岩石骨架、流体的俘获截面和地层孔隙度后,即可求地层剩余油饱和度。当地层水很淡时这种方法的效果不佳。

(3)碳氧比能谱测井。中子发生器发出 14 百万电子伏特的高能中子,与地层中的原子核发生非弹性碰撞,通过能谱分析技术截取碳原子和氧原子的非弹性散射核反应能量段的计数率,它们反应地层中碳、氧元素的含量。石油碳多,地层水氧多,因此碳氧比(C/O)可区分油水层。通过解释手段去除岩性、井眼等各种影响因素可以求得地层含油饱和度。

(4)脉冲中子衰减能谱测井。这种仪器一次下井可同时测量俘获衰减伽马射线和非弹性散射伽马射线。主要用于套管井中作为油田监测包括油—气—水界面的变化、剩余油分布的重要手段。

(5)测—渗—测中子寿命测井。在地层水矿化度低或变化复杂的地区,用测—渗—测的方法。该方法利用具有高热中子俘获截面的硼(钆)元素,通过渗透和扩散过程进入地层。此过程前后进行中子寿命

测井,即可求得地层剩余油饱和度。

三、生产测井

生产测井是指在进行生产作业的井中进行测井,且都在套管井中进行。开发初期和开发过程中的测井都是测量地层的某些物理参数,而生产测井只是测量套管中流体的相态和流动状况,它包括注水剖面测井和产出剖面测井。

1. 注水剖面测井

了解注水井井下各小层的吸水剖面,即各小层的相对吸水量和绝对吸水量,为制定和调整注入井的配注方案、调剖和增注措施,改善驱油效率提供依据。注水剖面测井包括放射性核素示踪法和流量计法。

（1）放射性核素示踪法是人为提高地层伽马射线强度,研究地层吸水状况的一种测井方法。用凝胶碳化层将短半衰期同位素离子裹在无机氧化物溶胶小球（载体）中,采用放射性核素释放器将放射性核素载体在预定井深位置释放,载体与井筒内的注入水形成活化悬浮液,油层吸水时也吸入活化悬浮液。由于放射性核素载体（微球）粒径大于地层孔隙喉道,活化悬浮液进入地层,而放射性载体滤积在地层井壁表面。如果这时测量自然伽马曲线,并与释放核素前的伽马曲线对比,在吸水层位处二者将出现幅度差。此幅度差的大小与地层吸水量有关,是注入剖面测井解释吸水剖面的依据。

（2）流量计法是用水井连续流量计在注水井中测量,它是一种涡轮型非集流式井下仪器。测井时用扶正器使仪器位于井轴中央,井内流体冲击涡轮叶片而使涡轮转动,涡轮旋转频率直接与井筒内流体流量有关。仪器在正注水的井中以恒定速度进行测量。在底部射孔井段之下的曲线是在不动流体中测得,代表零流量;在顶部射孔井段之上的曲线是在最大流量处测得,代表100%流量。在此两极值间内插可求出各小层的相对吸水量及绝对吸水量。我国生产的注水剖面测井仪器可以同步测得套管接箍、自然伽马、温度、压力、流量五个参数,能更直观测吸水层位,是检测注水剖面的主要装备。

2. 产出剖面测井

注入剖面测井是在单一流体介质中进行,而产出剖面测井是在两相或三相流动,且流量范围宽($0.1 \sim 250 \mathrm{m^3/d}$)、动态变化大、测井工艺复杂的情况下进行。必须根据不同井下生产状况选择不同的测井仪器,录取必要的井下动态信息。依据流体力学的基本原理,井内流动分析离不开对流速、流体密度、温度、压力、相持率等参数的了解。可选择以下一些测井方法:

(1)井温测井。它分梯度井温和微差井温,在开发测井中应用非常广泛。在注水井中,由于注入液的温度低于地层温度,通过流动井温曲线和关井井温曲线可以确定吸水层位。在气层或气油比高的产层中,由于气体进入井筒中膨胀吸热使温度降低。用井温测井,特别是井温的时间推移测井可以判断产气层位,并用它来对井筒中流体的各种参数进行分析。

(2)流量测井。流量测井在生产测井中具有重要作用。在注入剖面测井中可以确定分层吸水量。在产出剖面中流量测量结合含水率或其他测井可以确定生产井内油、水两相流或油、气、水三相流的分相流量。流量测量仪器有涡轮流量计、核流量计、电磁流量计等。涡轮流量计是最常规的井下测量仪器。当流体相对于涡轮运动时驱动涡轮叶片旋转。流量超过启动流量后叶轮转速与流体的流速成正比。当低产量井或低注入井井内流速过低,涡轮流量计难以准确测定时,可使用核流量计。它由放射性同位素示踪剂喷射器及其下部相隔一定距离的两个探测器组成。在井下喷射器释放出的放射性示踪剂与流体一同运动。通过探测器时出现高伽马峰,两个高伽马峰之间的时间距离与井内流速有关。国内在注聚合物井中成功地使用了电磁流量计,它由产生均匀磁场的励磁系统安装绝缘管道上的点状电极和信号检测系统组成。磁场方向、二电极连线及流道轴线互相垂直,当管道内导电流体在磁场中割磁力线运动时,在垂直于磁场和流动方向上产生感应电动势,其大小与流体流速成正比。

（3）持率测井。持率是识别流体相态、判断流动机构和求解各相流量的一个重要流动参数。其物理意义是多相流体混合流道截面上每相流体所占的相对比例。在气液两相流时可用流体密度测井确定持率。在流体密度差异不大、油水两相或油气水三相流动时多用容持水率计。它的仪器外壳与轴心电极组成一个圆柱形电容器,当油、气、水以不同比例混合时,电容器具有不同的电容量。由于水的相对介电常数远大于油气,电容量的大小便可反应混合流体中水的含量。

（4）流体密度测井。流体密度大小可以识别流体类型,估算重力影响和求解井眼中各相流体比例。测量流体密度的仪器有压差密度计和伽马流体密度计。压差密度计利用两个相距2ft❶的压敏波纹管,测量井内流体相应间距间的压力差值。一般情况下测井读数可以直接反映流体密度的大小。伽马流体密度计是在流道中放置伽马源,放出的伽马射线与穿过流道的流体发生康普顿效应,同时用计数器记录反应后的伽马射线强度,根据射线的衰减特性求出流体的体积密度。

（5）压力测井。用应变压力计或石英压力计测量井内流体压力。应变压力计是在弹性元件上贴附金属丝应变电阻片。弹性元件受压力作用后产生形变而引起金属丝的电阻变化,通过该变化测量流体压力。石英压力计利用石英晶体的压电特性,即受外力作用后其内部正负电荷中心发生相对位移而产生极化现象,表面呈现与被测压力成正比的束缚电荷,电位高低即反映流体压力大小。

在油、水两相流时,产出剖面测井主要是根据流量测井的测量结果确定产出层段和流体流量,根据持水率测井测量结果确定流体性质。根据井筒内流动压力和地层压力的变化分析储层动态。我国研发和国外引进的找水仪包括流量、含水率、磁定位、井温等多个测量单元。在

---

❶ 1ft = 0.3048m。

油、气、水三相流产出剖面测井中,必须测得流体流量、持率、密度等多个参数,对测井资料进行综合解释才能得到各层油、气、水产量及气油比等资料。

在机械采油井,抽油泵阻断了测井仪器下井通道,这时用过环空法进行产出剖面测井。该工艺用偏心井口使油管偏置于套管一侧,用小直径仪器通过月牙形油管、套管空间下井测量。

四、工程测井

开发测井探测地层参数,生产测井探测管内流体,而工程测井主要研究套管及套管与地层之间的水泥环。完井后套管及其水泥环是封隔地层、保障井下作业和油气生产的重要油井组成部分。及时检查固井质量、套管技术状况,将为修井、报废井和钻更新井等决策提供依据。

1. 固井质量检测

1)井温测井

固井注水泥后,水泥凝固时释放大量热量。选择时间作井温测量可以显示水泥返高位置。

2)声波幅度测井

声波幅度测井采用单发单收声系测量最先到达的套管波幅度变化,它反映管外水泥胶结好坏情况。水泥面以上的自由套管幅度最高,水泥面以下胶结很好的井段幅度最低。用此两极值为标准对其他井段作出胶结程度的等级评价。

3)声波变密度测井

声波变密度测井仪有一个发射器和两个接收器。距发射器近的接收器接收套管与水泥之间的反射波;而距发射器较远的发射器接收水泥与地层之间界面的反射波。连续测量可以得到能分析水泥环两个界面胶结情况的变密度显示。

4)扇区声波水泥胶结测井

扇区声波水泥胶结测井仪利用推靠器把 6 个极板上的发射器和接

收器推靠到套管内壁上进行测量。既能作扇区水泥胶结成像测井,也能进行声波变密度测井。测量结果经计算机处理可形成水泥胶结成像图,直观地显示套管外水泥沟槽与水泥缺失情况,并且能指示这些缺陷所在方位。

2. 井下套管检查

油田开发过程中,油井、水井套管受多种因素影响,可能出现各种损坏。用测井仪器对井下套管进行检测,录取套管信息并作出检测评价,为采取修井措施或油水井报废提供依据。

1）多臂井径测井

用40或36臂井径仪在套管内进行测量,一次下井能记录36条井径曲线,可以得到最大、最小、平均井径和剩余壁厚等数据。用计算机处理技术形成套管三维图像、二维套管截面图以及井壁展开图。根据这些曲线和图像可以评价套管变形、错断、弯曲、孔眼、裂缝、腐蚀及沾污等状况。

2）超声成像测井

套管内的超声波成像测井仪采集的数据传至地面系统,经计算机分析处理,可以形成二维井壁展开图和套管三维图像,据此确定套管内径、椭圆度,评价套管的腐蚀、裂缝、变形等技术状况,检查射孔位置,评价射孔质量,还可直接测得套管剩余壁厚。

3）电磁探伤测井

电磁探伤仪根据电磁感应原理测量套管壁厚。它能在油管中探测油层套管或技术套管,也能在油层套管或技术套管中探测表层套管,能在正常生产情况下进行测井。测量结果不仅可以反映套管技术状况,还能测得油管、套管接箍及套管鞋、封隔器位置。测量结果不受井壁上原油、钻井液、石蜡、水泥等非金属附着物的影响,为研究井身结构提供了可靠资料。

第三节　开发地质技术

一个油田从发现到开发结束,油田开发工作总是逐步推进的,要经历实践—认识—再实践—再认识的多次反复,在采取各种开发措施中加深认识油藏,在逐步加深认识油藏的基础上进一步深化开发措施。这样就在油田开发的过程中自然形成渐次深化的开发阶段,每个阶段具有的资料基础不同,所要解决的开发任务不同,因而油藏描述的重点内容和精度也有所不同。

石油工业部于 1988 年制定的《油田开发管理纲要》中,根据我国绝大多数油田实行注水保持压力开发的特点把油田开发分为三个阶段,即油藏评价阶段、设计实施阶段和管理调整阶段。根据实际工作中的常规作法及开发中阶段的更细划分和交叉,再把设计实施阶段分为设计阶段和实施阶段分别叙述。

一、油藏评价阶段

油藏一经发现工业油气流之后即进入油藏评价阶段。

1. 油藏评价阶段的主要任务

油藏评价阶段的主要任务是:提高勘探程度,提交探明储量,进行开发可行性研究。

2. 评价阶段的资料基础

此阶段的资料基础是少量探井、评价井和地震详查(或细则)。因此要充分利用地震信息,充分利用每口探井、评价井及现有现代测井、录井及测试技术,搞好录井、取心、钻杆测试、垂直地面剖面测量、试井、地层重复测试和试油等工作,多方面地获取地质资料,做到少井多信息。

3. 开发可行性研究的基本要求

开发可行性研究的基本要求如下:

（1）计算评价区的探明地质储量和预测可采储量。

（2）提出规划性的开发部署。

（3）对开发方式和采油工程设施提出建议。

（4）估算可能达到的生产规模，并做经济效益评价。

4. 油藏描述的基本要求

根据评价阶段的开发地质任务，油藏描述应对以下一些重点内容进行描述，做到不犯不可改正的错误：

（1）油藏的主要圈闭条件及圈闭形态、产状。

（2）宏观的油气水系统划分及其控制条件。

（3）油气性质及其表征的油藏类型。

（4）储层的宏观展布及其岩石物理参数。

（5）建立初步的油藏地质概念模型。

5. 油藏描述重点内容

1）圈闭形态

（1）主要利用地震资料，通过探井、评价井的严格层位标定编制油层组（段）顶面及邻近标准层构造图，比例尺不小于1:25000。

（2）描述一级、二级、三级断层的性质、产状、规模（断距及延伸长度）等。

（3）分析断层对油气水分布的控制作用。

（4）存在地层、岩性圈闭条件时，要综合地震、沉积相分析预测地层和岩性圈闭边界。

2）油气水系统

主要依靠录井、取心、钻杆测试、试油、试井及测井资料进行研究。早期可参考地震横向预测及模式识别结果搞清几个问题：

（1）划分油气水系统及其形成和控制条件。

（2）确定各系统的油气、油水、气水界面。

（3）确定压力系统及各套油气水系统的压力系数。

（4）圈定含油、含气面积。

（5）估计水体大小。

3）流体性质

（1）查明油气水一般物理、化学性质（包括地面及地层条件）。

（2）初步确定以烃类性质为表征的油藏类型。

4）储层分布及岩石物理参数

（1）划分地层层序，进行地层对比。

（2）确定储层沉积亚相（微相），建立相模式。

（3）储层横向追踪，建立连续性概念。

（4）求取有效厚度、孔隙度、含油气饱和度、渗透率等参数，描述其空间变化趋势。

5）建立油藏地质概念模型

在描述构造、油气水系统及储层基本面貌的基础上，为储量计算和开发可行性研究提供一个油藏整体地质模型和一些低级次的概念模型，这是评价阶段油藏描述的最终综合，这一阶段的油藏地质模型只能是概念模型，特别是储层地质模型。

建立油藏整体地质模型：以均一化储层模型加上构造形态、断层和流体分布建立油藏整体模型。均一化储层模型，即以全油藏或分区块的平均厚度连续分布代表储层骨骼，以分层平均参数反映储层质量和流动特征，这样的整体概念模型可以满足评估油藏总的开发指标。

整体模型中也可用随机储层模型，即选择以小尺寸（密井网）描述的同沉积类型储层作为原型模型，用随机建模方法，建立评价对象的概念模型，这样的储层模型同样以描述储层非均质性总貌、满足评估油藏总的开发指标为目的。

在评价阶段，由于资料不足，可能部分关键性地质因素还不可能给出肯定的概念，这时应充分估计这些关键因素可能变化的范围，作出不同可信度的地质模型，即最大可能的模型、最小可能的模型及机遇率最

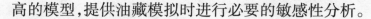

高的模型,提供油藏模拟时进行必要的敏感性分析。

二、开发设计阶段

油田经过评价阶段的钻评估井落实一定的探明储量,通过开发可行性研究被确认具有开发价值后即可进行开发前期工程准备,进入开发设计阶段。油田开发前期工程准备主要是补充必要的资料,完成三维地震采集和处理(必要时),钻一定数量的资料井(根据需要而定),开展各种室内实验以及试采或开辟现场先导试验区,进一步提高对油藏的认识程度,保证开发方案设计的进行。

1. 开发设计阶段的主要任务

本阶段的主要任务是编制油田开发方案,交付钻开发井的工程实施,具体任务是:

(1)对开发方式、开发层系、井网密度和注采系统、合理采油速度、稳产年限等重大战略问题进行决策。

(2)进行油藏工程、钻井工程、采油工程和地面建设工程的总体设计。

(3)优选技术经济指标最好的总体设计。

2. 本阶段的基础资料

本阶段与评价阶段相比,资料的数量和质量都有较大提高,重点有以下资料:

(1)钻井资料。

仍然是少量稀井网的评价井和探井,但一般已增补部分开发资料井;条件较好时已有完整的、连续的油层岩心剖面;可能有先导试验区或试验井组,小面积的密井网钻井为油藏描述提供了精细解释储层的典型区。

(2)地震资料。

至少应完成地震细测,部分油田可能完成三维地震测量工作,可供各种特殊处理、落实构造和辅助研究储层。

（3）各种实验室分析鉴定资料。

储层微观规模和样品规模的分析鉴定数据，不仅已有齐全的内容，而且已具备建立完整的、连续的储层标准柱状剖面的条件。

3. 油藏描述的重点内容

本阶段油藏描述必须保证开发设计的正确性。

1）油田构造方面

落实构造形态，较准确地确定一级、二级、三级断层，组合四级断层；提交比例尺为1:10000的油气层顶面及标准层顶面构造图和主断层的断面图。

2）油气水研究

（1）进一步验证并落实各套油层的油气水界面，作出各套油气水系统的平面油气水边界图；多个方向的油藏剖面图（纵向比例尺1:500或1:1000，表现每个单油层）。

（2）编绘出油气水性质主要参数的平面和剖面上的变化图件。

3）储层描述的主要内容

（1）开展储层微相分析，确定微相类型。

（2）进行"四性"关系分析，确定各种测井解释方法及解释模型，划分储层和非储层界线，对储层进行分类分级，建立测井相标准。

（3）明确各类储层在剖面上和平面上的分布规律，以及储量分布状况。

（4）对储层进行层组划分，确定详细对比原则和方法。

（5）预测各类储层成因、单元几何形态及规模；预测成因单元间连通程度，评估各层组（或单层）流体流动单元的连续性；不仅评估含油区，而且还应评估含水区的连续性，以供估算水体能量。

（6）对各种岩类（或微相）储层作出微观孔隙结构评价，特别是各种伤害源和保护措施的评估。

（7）以层组和单层为单元，综合储油物性、渗流特性、连续性、微观

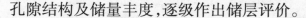

孔隙结构及储量丰度,逐级作出储层评价。

4)建立油藏和储层地质模型

这一阶段仍以储层概念模型为主,应逐级建立:主力油层单砂体层内非均质性模型;各类油层典型的平面非均质模型;全层系的砂体连续性及隔层分布模型;全油藏整体地质模型。全油藏整体地质模型必须反映层间和平面上的变化,必要时应分区块建立各区块油藏整体地质模型。根据数值模拟需要还可建立代表性的单井、井组精细的地质模型。

三、方案实施阶段

油田根据开发方案设计,钻成第一期开发井网(或基础井网)后,即进入方案实施阶段,也称编制实施方案阶段。

1. 方案实施阶段的主要任务

方案实施阶段的主要任务包括:

(1)对开发层系划分、注采方式、注采井别选择作出实施决策,确定每口井的井别、射孔投产井段,交付实施投产。

(2)根据实施方案进一步预测开采动态,修正开发指标,编制初期配产配注方案。

2. 资料基础

本阶段开发井网已钻成,每口开发井所获取的静态资料(主要是测井资料)极大地加密了资料控制点,已完全具备条件对本开发区油藏作出详细的静态模型。

3. 油藏描述重点内容

这一阶段油藏描述以储层连通状况为重点内容,应精细到每个井层。

1)油田构造方面

以钻井资料为主,参考地震成果,重新核实构造图,特别是通过地层、油层对比,逐井落实断点,组合断层,进一步落实一级、二级、三级、四级断层,提交准确的比例尺为 1:10000 的油层组(甚至单层)顶面及标准层顶面构造图,并结合油气水系统等核实断块划分。

2)油气水系统

根据测井解释结果确定每口井的油层、气层、水层分布,核实各个界面,按井点修改含油、气边界,作出分油层组(必要时分单层)含油气边界图。

3)储层描述重点内容

(1)完成全开发区详细油层对比,对每口井进行层组划分。

(2)建立分井分层的储层参数数据库。

(3)编制分层组(或重点单层)的微相图,在微相图控制下编制分层组、分单层的各种参数平面图。

(4)编制油层剖面图、栅状图。

(5)分区块、分层组、分单层统计各项储层特性参数,重新作出储层分类评价。

(6)建立储层静态模型。

四、管理调整阶段

油田投入开发以后,即进入管理调整阶段。在注入驱替剂未作改变以前,就我国实际情况而言,即未采用改善注水或三次采油方法以前,整个注水开发全过程都属于这一阶段。

1. **管理调整阶段主要任务**

管理调整阶段主要任务如下:

(1)搞好油田动态监测,进行开发分析。分析配产配注计划完成情况,掌握油水运动状况、储量动用状况、剩余油分布状况及地层能量变化状况。

(2)实行各种增产增注措施,调整好注采关系。包括:日常的局部调整和阶段性的系统调整,编制季度、年度的配产配注方案。

（3）不断地应用油藏定期进行开采动态历史拟合，了解油水运动及分布状况，预测未来阶段的开采动态，拟定下一阶段应采取的开发措施。

（4）开展各种先导试验，直到开展各种三次采油的先导试验，为下一阶段油田调整作好技术准备。

（5）需要进行阶段性的层系、井网、注采方式调整时，编制调整方案。

在这一阶段，油藏描述工作要紧紧围绕这些开发任务进行。

2. 资料基础

这一阶段的资料基础特点是，除前述大量静态资料外，将积累大量动态资料，最主要的有：

（1）分层测试和试井资料。

（2）开发测井资料。

（3）检查井取心资料。

（4）加密钻井资料。此阶段每一口加密钻井都是当时的一口阶段检查井，因此，一定要对每口新钻井取好水淹层测井信息和投产时产出流体和压力数据。

静（态资料）动（态资料）结合，对油藏进行反复再认识是这一阶段的特点。

3. 油藏描述的重点内容

油田进入管理调整阶段，构造及油气水情况已在前阶段基本描述清楚，因此，油藏描述的重点内容应为储层描述及断层密封性的核实。

（1）综合所有静态、动态资料，逐步把储层静态模型向预测模型发展：

① 对各类微相砂体的方向性、连续性和储层物性参数的变化，逐步精细到数十米甚至数米级的规模。

② 对无控制井点的地区能作出一定精度的预测。

③ 为精细模拟和分析剩余油分布提供基础。

（2）揭露和不断总结各类微相砂体水驱油全过程的发展规律，包括：

① 平面上注入水运动规律和层内水淹厚度及驱油效率演变过程。

② 总结各类砂体储层层间干扰特点。

要通过开采动态分析和完善各类砂体储层的概念模型与数值模拟机理研究相结合来实现。

（3）密切监测储层原始特征在开采过程中可能发生的变化，如矿物的溶蚀沉积、岩石结构的变化、物性变化以及润湿性等渗流特征的变化等。

（4）根据注、采响应情况，分析每条断层的密封性，总结规律，修正断块划分。

第四节 油藏工程技术

我国已开发油田达 700 个以上，年产油量 1.8×10^8 t，对不同类型油藏的开发理论和生产规律已有一定认识，油田开发中的油藏描述、渗流物理、数值模拟、水平井、大型酸化压裂等先进技术不断发展。陆相沉积油田的注水开发位居世界前列，低渗透油田、稠油油田、三次采油等开发方法逐渐成熟，形成了相应配套技术，年产油量均已超过千万吨的规模，油田开发技术水平和采收率不断提高，形成了我国的油田开发理论和技术。随着国家市场经济、改革开放的推进，中国石油天然气集团公司提出"走出去"的战略，建立国际化大型能源公司，油田开发工作已由以完成国家计划任务为目标转变为以经济效益为中心，合理开发油田，实现全面、协调、可持续发展。油田开发要强化油藏评价，加快新油田开发上产，搞好老油田调整和综合治理，改善开发效果，不断提高油田采收率，实现原油生产的高产稳产。

一、油藏评价

含油构造（圈闭）经钻探后有重大发现或已提交控制储量，初步分析具有开采价值后，进入油藏评价阶段。主要任务是：编制油藏评价部署方案；为提交探明储量和编制油田开发方案取全、取准所需要的各项原始资料；结合开发先导试验结果编制油田开发概念设计（油田开发可行性研究）。

1. 油藏评价部署方案

主要内容有：评价目标概况、油藏评价部署、实施要求等。

评价目标概况应概述预探简况、已录取的基础资料、取得的认识及成果。

油藏评价部署要遵循整体部署、分批实施、及时调整的原则。不同类型油藏应有不同的侧重点，要根据油藏地质特征论述油藏评价部署的依据，提出要解决的主要问题、评价工作量及工作进度、投资和预期成果。

实施要求应提出方案实施前的准备工作，按工作量及进度要求提出协调、保障措施，对安全、环保、质量有明确要求和具体安排。

2. 取全、取准各项原始资料

为了满足申报探明储量和编制开发方案的需要，提出油藏评价工作录取资料的项目和工作量要求，其主要内容包括地震、评价井、取心、录井、测井、试油、试采、试井、室内分析化验实验和矿场先导试验等。大庆油田为编制开发方案，提出要录取"20项资料72项数据"和开展"十大开发试验"，增强了编制开发方案的科学性。

3. 油田开发概念方案

主要内容包括油藏工程概念设计、钻采工程主体方案、地面工程框架和经济评价。

油藏工程概念设计以油藏工程理论为指导，油田地质研究为基础，发挥多学科协同优势,设计油田开发采用的方法和产能规模。主要内容包括:油藏地质特征、储量计算、油藏类型和天然驱动能量、开发方式、开发层系、井网系统、单井产能、开发指标、方案优选、需进一步加深认识和需录取资料的要求。

钻采工程主体方案要提出钻井方式、钻井工艺、油层改造、开采技术等要求。

地面工程框架要提出可能采用的工艺、流程及设备。

经济评价包括总投资估算、经济效益预测、风险分析及应对措施。

二、开发方案

油田开发方案是指导油田开发的重要技术文件,是油田开发产能建设的依据。油田开发方案编制的原则是确保油田开发取得好的经济效益和较高的采收率,尽可能的适应国家建设对原油产量的需求。油田开发方案的主要内容有:总论、油藏工程方案、钻井工程方案、采油工程方案、地面工程方案、经济效益评价。

总论主要包括油田地理位置与自然条件概况、矿权审批情况、区域地质与勘探简史、开发方案结论等。

油藏工程方案是以油田地质特征为基础,制订油田开发原则、开发方式、开发层系、井网系统、监测系统、开发指标、经济评价、方案优选、实施要求等。

在开发方式研究中油藏类型、储量规模、储层性质、流体性质、压力系数等因素有重要作用。我国油藏多为陆相沉积,边底水分布范围小、天然能量难以成为重要的驱动力,采用早期注水保持压力开发油藏的产油量约占全国产量的80%。少量的大气顶小油环油藏、小型底水油藏、开启型断块油藏,利用天然能量开采;低渗低压油藏采用超前注水开采;稠油油田采用热力开采,但地面脱气原油黏度小于$100\text{mPa} \cdot \text{s}$的油藏,通常采用常规注水开发。

在开发层系的划分与组合的研究中,重点是处理好层间非均质性的差异,提高水驱波及体积和产油能力。油层层数及厚度、渗透率高低及级差、流体性质分布、隔层厚度及分布等有重要影响,同一层系内的油层开采中层间干扰小,对开发技术有相近的要求,有利于发挥采油技术的作用。我国大型油田往往层数多、差异大、非均质性强,划分多套开发层系开发,大庆萨尔图油田中部地区有 5 套开发层系,胜利胜坨油田沙二段 8 套开发层系,区别对待有利于提高开发效果。

在井网系统研究中关键是建立合理的压力系统,实现高效驱油,油井充分受效,水驱储量动用程度高,地下存水率高。构造大小及形态、储层物性及裂缝发育情况、储层沉积特征及规模、油井产能和注水井吸水能力等,对确定井网几何形态、注采井数比、注采井排方向和井排距有重要影响。我国中高渗透砂岩的油田多采用反九点法面积注水,初期油田产能较高,有利后期调整。低渗、特低渗油藏裂缝具有方向性,多采用沿裂缝布大井距注水井排,垂直裂缝方向布小排距生产井排,有利油井受效和延缓油井见水时间。

开发指标、油井产能预测是关键,必须从生产资料和理论分析两方面进行。生产实践有试油、试井、试采、先导性矿场试验等资料,可分析在确定的开采方式下,分层系的单井产能。理论上依据储层性质、厚度、流体性质及可能建立的生产压差,结合室内实验资料,可分析油井产能和注水井吸水能力。大、中型油田在产能论证的基础上,运用数值模拟方法预测油田开发 15 年的开发指标及最终采收率。主要开发指标包括:动用面积和储量、可采储量和采收率、采油井、注水井、总井数及钻井进尺、年产液量、年产油量、综合含水率、年注水量、年注采比、累计注采比、采油速度、采出程度、地面压力等。

在油藏工程方案研究中,一般应提出三个以上在开发部署上有较大差别的候选方案,在开发指标、开发投资估算、技术先进性和可行性等方面,进行综合评价、排序,提供钻采工程、地面工程设计,以及经济评价后整体优化,提出推荐方案。

三、开发调整

油田开发调整主要内容为井网、层系、注采系统调整，以改善开发效果，增加可采储量，延长油田的高产稳产期。大庆油田在开发好一类油层的基础上，针对二类油层进行一次井网加密调整，动用程度显著改善，1981—1990 年萨葡油层细分层系，加密调整井和高含油层开发井共钻 10480 口，建成产能 $3189.88 \times 10^4 t/a$。针对三类油层进行二次井网加密调整，完善注采系统，1998—2000 年间钻调整井 4911 口，建成产能 $579.94 \times 10^4 t/a$。针对薄差油层和表外储层进行三次加密调整，实现了各类油层的合理开发，对大庆油田年产五千万吨以上稳产 27 年有重要作用。大庆油田在总体规划指导下多次布井，不同类型油层有不同的井网密度和注采井数比，结合稳油控水综合调整措施，有效地提高了油田开发效果和采收率。

油田开发过程中要分阶段进行精细地质研究和开发效果评价，找出影响油田开发效果的主要问题，搞清剩余油分布和调整潜力。当发现开发部署不适应开发阶段的特点，导致井网对储量控制程度低，注采系统不协调，产油量、注水量、含水率不匹配，开发指标明显变差等时，应及时对油田开发系统进行调整，编制油田开发调整方案。重大的调整方向和主要技术措施，要充分吸取国内外同类油田的开发经验，必要时需开展矿场先导试验。

油田开发调整中的钻井工艺、采油工艺、地面工程改造，应满足调整方案的要求，进一步完善配套。钻井工程要适应注水开发后油藏内压力剖面的变化和地区间差异，重视安全、环保和油层保护。采油工程因油藏内油、水层间差异和加强中低渗透层开发，需进一步发展分层开采技术、油层改造技术和举升技术等。地面工程改造要依托已建工程，做好优化简化工作。本着优先解决安全生产和瓶颈问题，重视节能降耗和控制生产成本，搞好地下、地上的结合和整体优化，适应原油生产的需要。油田开发调整方案应突出主要调整内容，编制方法可参照开发方案。

四、高含水期油田开发

油田进入高含水期后油藏性质发生变化,高渗透层因注入水长期冲刷,使黏土矿物迁移,孔隙结构发生变化,孔隙度稍有增加,渗透率大幅增加,甚至出现大孔道、大量的无效水循环。储层岩石表面性质也由亲油向亲水方向转化,强水洗段驱油效率可高达 70% 以上,封堵大孔道、调剖、调驱成为重要工艺技术。

高含水期后油藏中油水分布更加复杂。大庆萨尔图油田密闭取心井资料表明,强水淹层厚度约占 25%,中水淹层占 45%,弱水淹层占 20%,未水淹层占 10%,层间的差异更加突出,提高水驱波及系数的难度更大,且中弱水洗层的驱油效率远低于强水洗层,也低于开发方案设计水平。

高含水期后主力油层层内矛盾占有主要地位。萨尔图油田 1m 以上有效厚度几乎层层见水,厚的油层受韵律性的影响,剖面上水淹很不均匀,正韵律油层底部强水淹,顶部弱水淹或未水淹。一个单油层由几个砂体组成,各砂体间水淹状况各异。不同沉积类型的砂体,因层内夹层的分布特点不同,剩余油分布也不相同。因此,油藏精细描述已以单砂体为单元进行,剩余油挖潜技术也相应配套发展。曲流河点坝砂体具有内部侧积泥岩的特征,应用顶部水平井挖潜已成为一项重要技术。

高含水油田大多经历 30 年以上,以及高压注水等影响,油水井损坏严重,一般套管损坏井占总井数的 20%,严重的高达 50% 以上,注采系统不完善,储量动用程度低,采油速度低,采出程度低。高含水油田开发向改善二次采油、推进二次开发的思路发展。

油田地质研究依据密井网资料、检查井资料、生产测试资料等,开展高含水期油藏精细描述,加深对地下情况的认识,查明剩余油分布规律和特征,指出不同类型砂体的潜力和挖潜方向。

系统开展开发效果评价,按砂体分析层系、井网、注采关系的适应性,明确提高波及体积、增加可采储量的方法和目的,编制完善注采系统、改善水驱效果的方案。

创造增强水洗程度,提高驱油效率的条件。加强影响驱油效率因素的研究,探索提高中水淹层、弱水淹层的水洗程度的途径,缩小其与强水淹层驱油效率的差距,必将显著提高油田采收率。

发展适应高含水期特点的采油工艺技术。重组的层系井网多为薄差层,油层保护和压裂投产工艺、高含水井封堵大孔道与调剖调驱工艺、厚油层顶部水平井挖潜工艺等已有显著进展和效果。

研究三次采油方法为油田实现驱替方式转变、大幅度提高油田采收率准备技术。大庆油田在高含水期开展聚合物驱年产规模达千万吨,提高采收率 10%,已开展三元复合驱工业化试验,提高采收率 20%。

高含水期是油田开发的重要阶段,开发特征与中低含水阶段有显著差别,必须加强开发政策和开发技术的研究,提高油田整体开发效果。

第五节 钻井工程技术

多年实践表明,油气田开发钻井占钻井总工作量的 90% 左右,油气田开发始终是钻井工程的主战场。相应的,钻井新技术的开发主要是围绕钻好开发井而展开。1949 年后,特别是改革开放后的 30 余年,随着技术水平的不断提高,中国开发钻井发生了四个方面变化:由钻浅井到钻中深井、深井;由陆上钻井到海上钻井;由钻直井到钻各种形式的定向井;由过平衡钻井到欠平衡钻井。前两者是井深与地域上的发展,对油气田建设起到了保障作用;后两者则是深入跟进油气田开发的需求、促进油气田建设走向经济效益和社会效益综合优化的新途径。

一、功能和特性

石油天然气钻井是石油工业中一项为油气增储上产而开辟从地表

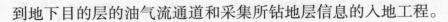

到地下目的层的油气流通道和采集所钻地层信息的入地工程。

1. 功能

在钻油气田发现井、详探井（评价井）和开发试验区资料井中，通过取心、录井、测井和试井等手段取得的地下信息，为制定油气田开发方案提供了最重要依据。在钻调整井时取得的地下信息也为制定下一轮调整开发方案提供了重要资料。在实施开发方案和调整方案时钻井先行，每次油气田开发会战首先是钻井工程的会战，通过钻生产井和注水井，一方面提供了油气田产能，另一方面也检验了开发和调整方案的可靠性。故在油气田整个生命期中，钻井工程始终与油气田开发相伴，是油气田建设的基础工程。

具有多种井筒轨道形状的定向井钻井技术的开发，较之直井进一步提升了井筒的油气流通道的功能。丛式井由于井口密集在一个井场（平台），可以大幅度节省油气田开发的工业占地，对中国人多地少的国情十分重要，同时还可以简化油气田开发的地面建设和有利于采油的集中管理。水平井和多分支井由于扩大了储层油气泄流面积几十倍到几百倍，可以使单井产量翻几番，大幅度减少了开发井所需井数以及有利于提高储层的采收率，还可以使低品位储量的动用具有经济效益。老井侧钻定向井可以充分利用开发井的报废井挖掘老油田的潜力，减少调整井的钻井工作量，以及充分利用已建的地面采油设施。用大位移井开发滩海油田，可以实现海油陆采，开发海上边际油田，可以减少海上钻井和采油平台的数量，减少油气田开发费用。定向钻井在油气田开发中的大规模应用，正在从地面到地下改变中国油气田开发的生产方式，促进油气田建设走向经济效益和社会效益综合优化的道路。

石油天然气钻井是石油工业上游部分油气藏勘探和油气田开发两大板块的主体工程，是整个石油工业的"龙头"工程。1991年，中国石油天然气总公司领导曾在全国钻井技术座谈会上明确指出："钻头不到，油气不冒。无论勘探拿储量，还是开发建产能；无论是'稳定东部',还是'发展西部';无论是增储上产,还是发展多种经营、参与国际竞争,都离不开钻井。钻井战线是石油工业一条极重要的战线,钻井工人是石油行业形象的代表。"

2. 特性

无论在钻探井还是开发井时,都存在所钻地层的不确定性。探井,特别是初探井不确定度最高,油田注水开发中后期的地质不确定度较前期高。钻井工程要入地几千米,井下工作状态不能直接观察到,只能靠间接方法进行监测或凭经验判断,存在隐蔽性。所钻地层的不确定性和井下工作状态的隐蔽性,使钻井工程在"知彼"和"知己"两方面都存在障碍,必然造成钻井工程的高难度、高风险。

在勘探工作中钻井费用要占其总费用的 80% ~ 90%,在开发工作中钻井费用要占其总费用的 50% ~ 60%,两者的比重都很高,在石油天然气的发现成本和吨油成本中,钻井费用都具有举足轻重的影响。

以上基本情况构成了钻井工程的高难度、高风险、高投入的"三高"特性,这决定了钻井工程必须采用高技术和严密的组织,才能有力地支撑油气的增储上产。

二、技术系统

油气钻井工程是一个多目标多参数非自组织的灰色复杂的系统。

1. 目标

包括地质与工程两类目标。地质目标是油气的增储与上产,工程目标是安全、优质、快速、低耗,这 6 个目标构成了钻井工程系统的目标体系。中华人民共和国成立以来,是安全生产第一,还是发现、保护油气层第一,长期存在不同的态度,发生过多次碰撞与争论。数百次井喷失控造成人员伤亡、设备烧毁、环境污染、储层破坏的惨重后果,对这场大争论给出了十分明确的回答,但直到 20 世纪 80 年代后期才基本取得科学共识:发现和保护油气层必须在保证安全生产的前提下去实施。但 2003 年 12 月 23 日,四川罗 16H 井又一次发生井喷失控特大事故,

造成中华人民共和国成立以来石油工业后果最惨重的事件,说明安全
生产第一的警钟还必须长鸣。

2. 参数

钻井工程由四大块组成,即所钻地层(包括目的层与非目的层)、
地面装备(以钻机为主)、专用管柱(包括套管柱及钻杆柱)和工作流体
(包括液、气、气液混合三类)。其中第一块是工作对象,其余三块是工
作手段。钻井工程就是用后三种手段对地层进行工作,以达到系统的
多目标综合优化。经初步梳理,这四块本身及相互作用后发生的参数
(包括单参数和复合参数两类)已超过 80 个,肯定还有漏失的,而且随
着技术发展还会产生新的参数,钻井系统的多参数表明了这个系统的
复杂性。

3. 灰度

所钻地层的不确定性和井下工作状态的隐蔽性是钻井工程的两个
明显特征,反映在施工时,所需要了解的参数常常是得不到或得到的参
数精度很低。破解这两性,降低系统的灰度就需发展井下信息技术。
传统的井下信息采集手段是取心、录井、测井(包括 VSP 测井)、试井,
这些手段都属"事后"测量,不能满足勘探开发对井下信息日益提高的
要求,更不适应钻井工程对井下进行实时控制的需求。20 世纪 80 年
代初开始开发的随钻测量技术(MWD),把井下信息采集由"事后"推
向了"实时",把有线有杆测量推进到无线无杆的遥测遥传高度。21 世
纪初又进一步开发了随钻前测(ahead the bit)技术,把实时测量又推进
到"事先"测量。前 20 年是把测井融入钻井,后 10 年是把地震融入钻
井,井下信息技术走向了钻井与测井、地震的一体化。随钻测量的开发
为破解钻井工程的"两性"、降低系统灰度开辟出了一条崭新之路,成
为现代一切钻井前沿技术的基础,是钻井技术发展过程中的里程碑。

4. 非自组织

一切工程都是"造物",都是具有特定目标的人造系统,都不具备

自然界生物的自组织性,作为"造井"的钻井工程也是这样。钻井过程实质上是对从开钻到完井的各施工工序进行全过程控制,井下控制技术是钻井技术的主体。长期以来,钻井人员是用"事后"测量得到信息对井下进行人工控制,其结果必然是控制不及时,精度低,效果差。所钻地层的不确定性曾多次引发钻井工程打"遭遇战",措手不及,造成井下失控。改变这种状态,一方面要发展井下信息技术,把"遭遇之战"改变为"有备之战";另一方面要提高井下控制的能力与水平。提高井下控制能力之路就是要从"人工控制"发展到"半自动控制",再发展到"全自动控制(即智能控制)",同时还必须提高钻井人员的现场实践经验。

钻井工程的井下控制主要有三个领域:

第一个是井筒轨道控制,包括直井控制与定向井控斜进入靶区。20世纪90年代初,开发出了直井用的第一代自动钻直系统,接着又开发出了多种定向井井眼轨道自动控制系统,是随钻测量技术最早的工程应用领域。

第二个是井下风险控制。井下风险指喷、漏、塌、卡、阻等多种井下复杂情况和事故。早在20世纪50年代,石油工业部在安全生产方面就已提出了"预防为主,处理为辅"的方针,但就钻井工程而言,到现在还是两者错了位。21世纪初,国外根据风险工程学的原理初步提出了井下多种风险整体控制的思路与方法,其核心是建立所钻地层的地质力学模型,有希望成为大幅度降低钻井井下风险的有效方法。但目前还仅达到对井下风险的预测预警,预警后如何进行自动控制还要进一步开发。

第三个是储层保护控制。并不是一切储层都要保护,要用经济技术的观点确定需要保护的储层范围。渗透率很低的储层必须进行改造(压裂)后才能投产,储层保护技术不起作用;对于高压高渗储层,特别是含酸气的气层,主要矛盾是防喷而不是保护。保护储层的范围应是舍去两头,取其中间,以减少保护储层的投入。自"七五"计划期间开始,国内储层保护技术持续发展。"七五"计划期间研究了防止储层中泥页岩膨胀降低渗透率的方法,提出了"完井液"的概念;"八五"计划期间研究了屏蔽暂堵方法;"九五"计划期间实施了欠平衡钻开储层;"十五"计划期间进一步发展了用纳米材料的井壁成膜技术。在储层钻进和完井过程中进行保护是一方面,穿透滤液侵入带的深射孔是另一方面,现在这两方面均已取得明显进展。

井下信息技术和井下控制技术两者构成现代钻井技术的主体,随钻测量和井下智能控制是钻井工程的两个经济技术制高点。再加上所有工程都需要集成优化应用各单项技术,且钻井 HSE 的要求日益严格,就构成了 21 世纪钻井技术发展的"四化"理念:信息化、自动化、集成化、无害化。

三、油气田开发钻井

在一个油气田的整个生命期中要钻三类井,即先期井、开发井和调整井。先期井钻井表明一个新油气田生命的诞生;开发井表明这个油田处于生命最旺盛的青年期;调整钻井则表示这油田已处于中老年时期。在一个大油气区中,由于新油气田陆续发现和投入开发,这三类井经常同时并存。

1. 先期井

先期井包括发现井、评价井(详探井)和开发试验区资料井三种。通过钻前两种井,可以确定油气的探明储量。中小型油气田一般钻过这两种井后即投入开发。大型油气田则常常在开发之前要开辟先导试验区钻资料井,以求得油气田开发所需的进一步资料(可采储量及注水有关参数等)。在制定油气田开发方案中,确定开发井的井型和井网关系到油气田建设的全局,是其重要组成部分。由于井型和井网具有不可逆性,故常取分期分批开发的谨慎态度。20 世纪 90 年代以前,基本上采用直井井网,90 年代开始采用定向井开发油气田。南海流花油田在开发前曾对直井、常规定向井和水平井的产量进行对比,结果是水平井产量最高,决定用水平井开发,是国内第一个用水平井整体开发的油田。塔中4油田曾制定过一个用56口直井开发的发案,后改用丛式井加水平井开发,结果是少钻了22口井,5口水平井初产超过每天1000t。用丛式井、水平井替代直井开发油气田,是经济技术发展的必然趋势。

2. 开发井

开发井包括生产井与注入井两种。国内钻开发井的成功经验是组织开发小会战,集中钻机把开发方案规定的井数一次钻完。对钻开发井总的要求是用较短的时间建成预计的产能,并为后续采油工程创造有利条件。具体有以下四点:

第一,要尽可能保持储层的原始物性,使每口生产井、注入井具有应有的产量、注入量。为此,国内从"七五"计划开始,对钻井、完井过程中的储层保护技术展开了持续攻关。目前储层渗透率恢复值普遍可达到85%,部分井已超过90%,攻关还在深入进行中。

第二,要尽可能提高单井产量及采收率。水平井、多分支井和地质导向钻井是达到这一要求的有效途径。在同一地区,一口水平井的产量平均为直井的3倍左右,一口水平井的钻井费用平均为直井的1.5倍左右。即用3口直井的钻井费用可钻2口水平井,得到6口直井产量,再加上水平井的初产要超过直井的3倍,有利于缩短钻井费用的投资回收期,其经济效益十分明显。多分支水平井是水平井钻井技术的扩展,一口多分支井(也有人称为复杂结构井)可以是一井多层,也可以一层多井;可以是新井,也可以从老井侧钻而成。多分支水平井目前国内主要用于开发低渗透层、薄层和稠油油藏。水平井和多分支井对采油修井工程提出了一系列需要研究的问题,如丛式井水平井的地面和地下井位、井网如何布置,水平段在不同性质储层(边水、底水、气顶、侵入带等)中的上下位置及最优长度,采油修井井下工具在水平段的下入及重入等。目前国内水平井已进入规模性应用,上述这些问题需要尽快从理论及工艺上得到进一步解决。

第三,要尽可能减少工业占地和对周围环境的损害。采用丛式井及发展钻井 HSE 的无害化技术是必然。一组 10 口井的丛式井约可节省 8 口直井的工业占地,在农林牧区及交通困难的沙漠、山地开发油气田,丛式井更显出其重要性。一个丛式井的钻井井场,投产后可改建为一集油站,十分有利于简化地面设施和采油的集中管理。海上油气田开发全部是丛式井(一个平台钻一组丛式井),陆上油气田开发必然也要走这条路。

第四,在保证安全及质量的前提下,尽可能缩短建井周期。对连片分布的油气藏,由于可从先期井中取得地下信息,开发井的地层不确定度大幅降低,这就为简化井深结构、采用喷射钻井、优选参数钻井等提效提速技术创造了条件。对于裂缝性油(气)藏,由于对裂缝发育及成藏规律尚要进一步探索,开发井在很大程度上具有探井的性质,目前空井率较高。减少空井率是其主要矛盾。

油(气)井的寿命对油(气)田的产量和开发费用有重要影响。自 20 世纪 60 年代初大庆油田实施早期切割注水措施后,在提高稳定油(气)产量及采收率方面取得十分显著的效果,并在国内普遍推广。但从这时起,套管损坏井的数量也逐年上升。截至 1998 年,大庆油田累计套管损坏井达到 5868 口,其中生产井 2913 口,注水井 2955 口,并出现了套管损坏井连片现象,后果严重。从钻井工程角度应对这一问题,是要保证套管柱具有应有的强度和注入水泥的质量,力争提高固井优质率。油藏工程则宜适度注水。任何套管柱和水泥环的联合强度绝对承受不了地层漂浮滑移的强大外载,要控制注水压力不超过储层及其上下邻层的最小地层破裂压力。

3. 调整井

调整井包括调整方案需钻的生产井、注水井、检查井和观察井四种。其中包括了套管损坏井的替代井。调整井是在油(气)田开发中、后期钻的,时间很长,要占油(气)田整个生命期的 60% 以上,井数多,是钻井工作量的密集期。

油田注水开发使油、水在横向及纵向的分布和压力发生动态变化，早期切割分层高压注水，加速加剧了这种变化，给钻井工程带来新的困难。大庆石油在开发早期所形成的"三一"优质井钻井成套技术，到中期钻调整井时就基本失效，喷、漏、卡等事故大幅度上升，固井质量大幅度下降。1981 年 5 月 21 日，大庆石油管理局召开由开发、钻井系统参加的大型座谈会，会议作出了需钻调整井的邻近注水井要"停注放溢流"的决定，为顺利钻好调整井创造了条件。开展了钻好调整井的技术攻关，最终形成了以搞清地层压力为前提、以提高固井质量为中心的调整井钻井配套技术，才保证了大批量调整井的钻成钻好。调整井邻井停注放溢流措施和调整井钻井配套技术这两条先后被国内其他油田所接纳，如今已成为钻调整井的常规作法。

调整井是在已钻井的井网范围内钻的，在已钻井的范围内加密钻井就产生了新的情况。调整井钻井要掌握以下两条：第一，要充分利用枯竭、水淹和套管损坏的报废井进行侧钻。在浅井中可节省约二分之一、在中深井和深井中可节省约三分之二的井筒长度，且可充分发挥已建的采油地面设施的作用，对降低油（气）开发调整所需费用至关重要。国内现已形成清理老井、套管开窗和侧钻完井的配套工艺，且组成了 9⅝in、7in、5½in 套管侧钻的工艺工具系列。第二，水平井和多分支水平井应是调整井的主要井型。单井水平井的效果已为实践多次证实。值得注意的是，20 世纪 90 年代中期国内兴起的多分支水平井钻井技术的发展。长城钻探公司在辽河油田钻的边台 3H3Z 井是一口同向双分支 11 鱼骨水平井，在两个水平主井筒分别侧钻出 5 个和 6 个水平分支井筒，并达到了多分支井国际标准 TAML4 级水平，油层内总进尺 4370m，日产油 58t，是相邻直井的 15 倍。在复杂储层条件下钻结构复杂的加密定向井，关键是井筒轨道的控制精度，要防止新钻井筒与已钻井筒相碰。为此，国内已开发了随钻测量系统（MWD/LWD）、井距计算软件地质导向和旋转导向直井系统，进一步发展了筛管完井技术，提出了水平段油气层钻遇率的新指标,这一领域内的技术还在继续发展中。

　　中国油气钻井工程已有 2000 余年历史,经历了古代(1840 年前)先进、近代(1840—1949 年)较落后和现代(1949 年后)崛起的曲折路程。中华人民共和国成立后,中国石油工业的迅速发展,中国油气钻井也随之崛起。在规模上,到 2006 年已居世界第二位(仅次于美国);在技术上,在经历经验钻井和科学钻井两个时期后,于 21 世纪初开始进入信息化、自动化、集成化、无害化的"四化"新时期,并正向纵深发展。中国钻井科技人员正在努力扭转技术发展以跟踪为主的现状,走向以自主创新为主的道路,力争在较短时间内实现由钻井大国到钻井强国的转变,为中国石油工业的持续发展提供更为有力的支撑。

第六节　油田调剖、堵水技术

　　油田调剖堵水技术是注水开发的油田在开发过程中一项重要的增加产油量、降低含水量、提高注入水的波及系数和提高注水采收率的关键技术。我国最早于 1957 年就在玉门老君庙油田试验和应用,取得了成效。20 世纪 70—80 年代,该技术得到大规模的发展和应用,形成了多项配套技术,工作量达到年作业 2000 ~3000 井次的规模,年增油$(50 \sim 60) \times 10^4 t$,形成了注水开发油田的一项重要关键技术。21 世纪以来,该技术继续向创新和规模化发展,目前从作业形式上划分化学堵水调剖技术和机械堵水调剖技术两大类。从对油藏的作用来划分,可分为油井堵水技术、注水井调剖技术、油水井对应堵水技术、油田区块整体堵水调剖技术、油藏深部调剖技术和深部调驱及液流转向技术等。

　　在油田开发的不同阶段,对油田调剖堵水技术大致应分别做到下列各项工作。

一、油田开发初期

（1）要取全、取准有关资料,为调剖堵水技术做好必要的准备。

根据多年累积的经验,必须取全、取准各项资料和数据。其中包括四图,即油藏构造图、油藏剖面图、井身结构图,以及产液和吸水剖面图。

四条曲线:注水井指示曲线、注水井压降曲线、油水井综合采油注水曲线和水驱特征曲线。

两个数据表:油藏开发动态及储层数据表,包括 27 项数据。

化学堵剂数据表,包括 16 项数据。

（2）进行必要的堵水、调剖的机理研究,夯实堵水调剖技术的理论基础。

① 机械堵水的机理研究:包括自喷井机械堵水管柱的结构设计及计算,机械采油井机械堵水管柱的设计与计算,机械堵水的施工程序及相关配套技术的研究等。

② 化学堵水、调剖的机理研究:包括化学剂的封堵机理与堵塞效率的研究与试验,多种封堵理论的实验与现场检验,如多通道封堵、调剖机理,涂层封堵机理、变形虫封堵机理等。

二、油田开发中期

油田开发中期是堵水调剖发展和应用的重要时期,最主要的是要做好下列几项工作。

（1）调剖、堵水技术处理目标的筛选,主要筛选内容包括:

① 调剖井、堵水井井位和层位的筛选;

② 调剖、堵水用化学剂的筛选;

③ 化学剂用量的选定;

④ 机械堵水管柱的优选;

⑤ 调剖、堵水效果预测。

调剖井的筛选可根据油田情况用 RS(油藏参数变化决策)软件,根据影响调剖井的参数进行决策。注水井压降曲线决策法,是根据注水井的压力指数 PI 值参照其压降曲线进行决策。

堵水井可根据井层的 PI 值或生产动态参数综合评定。

(2)油田堵水、调剖化学剂的研制。

结合油田具体情况研制多种化学剂,大致为沉淀型无机盐类、聚合物冻胶类、颗粒类、泡沫类、树脂类、微生物类、稠油类、体膨冻胶类及其他等。

(3)调剖、堵水的现场试验和应用。

① 机械堵水技术在自喷井和机械采油井的大面积应用;

② 新型机械堵水管柱及井下工具的研究与实施;

③ 化学堵水技术的大面积推广应用;

④ 化学调剖技术的推广和试验;

⑤ 油田区块整体堵水、调剖技术的发展和应用;

⑥ 油水井对应堵水、调剖技术的试验发展与应用;

⑦ 示踪剂的注入和解释技术的研究与应用。

三、油田开发后期(含强化开采阶段)

在搞好注水开发和三次采油的同时,进一步发展应用油田堵水调剖技术,主要有下列几个方面:

(1)油田深部调剖技术。由近井地带转入深部调剖,采用段塞法或一次大剂量法使调剖剂进入油藏深部,防止注入水绕流,提高调剖效果。

(2)油田深部调驱技术。注入化学剂进入油藏深部在封堵大孔道的同时,利用堵剂的化学特征,如黏弹性、体膨性等,进一步提高产油层的驱油效率,提高采收率。

(3)油田封堵压裂综合技术。用化学剂封堵高含水层段,对低含水层段进行压裂增产,提高油井产油量。

(4)油田深部调剖液流转向技术。利用弱凝胶体系、体膨型凝胶体系、胶囊式化学凝胶及其他新型化学剂进入油藏深部,改变注入水和储层内液流方向,提高储层波及效率,提高采收率。

(5)水平井开采中,对水平段进行产液剖面测试,掌握油井水平段产液动态,为改造和控制出水打下基础。

(6)水平井控水技术。研究、应用和发展水平井化学分段堵水技术、水平段产液剖面环形控制技术、水平化学选择性堵水技术和封隔器分段卡堵水技术等。

(7)油田深部调剖、堵水数值模拟软件的研制,包括深部调剖、调驱、液流转向、水平井控水等。

(8)适合应用于油田开发后期堵水、调剖化学剂的研究,包括新型选择性化学剂、遇油或遇水膨胀的封隔器材质研究及可深入注水的特殊性及可膨性化学剂、纳米级封堵化学剂等。

(9)适用于油田活动注入的化学剂配制和注入设备的研究与应用,如注入设备和部件、控制系统等。

第七节 油田压裂技术

大庆油田投入开发建设 50 年来,压裂工艺技术根据油田不同时期的开发要求和改造需要,不断创新、发展完善和配套提高,在油田开发的不同时期均发挥了重要作用。可分为 5 个阶段。

第一阶段(1960—1972 年):围绕实现油田"六分、四清、四定、三稳、迟见水"这个中心,集中力量开展技术攻关,实现了分层注水和分层采油,确保了油田早期注水开发效果。

大庆油田开发初期注水采用笼统注入方式,由于层间渗透率差异大,出现了主力油层"单层突进"、"过早见水"的问题。为解决这一问题,1962 年经过 1018 次试验,研制成功了水力压差式封隔器和不压井不放喷井下控制器,研究形成了一整套固定式分层配水工艺,这套工艺可满足多级、可洗井、不压井分层配水作业要求;同时,还成功研究了水井增注、验窜、封窜等配套工艺技术。1964年冬开始,先后组织了"101、444"和"115、426"两次分层配水大会战,在开发区内全面实现了分层注水,这样就保证了各类油层合理注水,解决了含水上升快的问题。也正是水力压差式封隔器的研究,才使分层注水成为可能,在当时来讲这是一大技术突破。水力压差式封隔器和不压井不放喷井下控制器这两项技术1966年均获国家级发明奖。但是,油井仍然是笼统采油,出现了主力油层注采不平衡、压力下降的新矛盾,使油田的长期稳产高产受到了新的威胁。于是,在1965年组织攻关,成功研究了分层配产工艺及分层测试技术,初步形成了一套以分层注水为中心的"六分四清"采油新工艺,使全油田的含水上升率由1964年的6.37%下降为1966年的2.8%。至1972年底,油田全面实现了分层段注水开采,老区在分层注水的基础上实现了分层配产采油,从而使油田进入分层采油阶段。

1966年9月23日,在大庆油田中1-丙27井进行了首次压裂试验,1971年在杏北油田进行了现场工业试验,当时成立了前线指挥所,集中了生产管理和工程技术人员,调集了作业和压裂队伍,投入300型水泥车和罗马尼亚进口的400型及黄河500型压裂车组,到1971年底共完成86井次333层压裂施工。通过工业性试验和不断总结,水力压裂技术得到了改进、完善和提高,由于进展快、规模大、技术新、效果好,当时的燃料化学工业部为推广压裂经验,于1973年9月在大庆油田井下作业指挥部召开了第一次全国压裂酸化现场会。1973年大庆油田大面积的压裂改造,标志着水力压裂成为大庆油田开发的一项重要手段。

第二阶段(1973—1978年):油层水力压裂投入工业化生产,成为油水井行之有效的增产、增注措施,并且有效地改善了层间开采不均衡的状况,对大庆油田年产量上 $5000 \times 10^8 \text{t}$ 高产和稳产起到了重要作用。

大庆油田进入中含水开采阶段后,按照"攻坚啃硬,再夺高产"的油田开发作业方针,特别是1975年底油田党委提出了:"年产上5000

万吨,稳产 10 年"的奋斗目标。这一时期,针对大庆油田地下含水上升、老区产量递减、产能建设不配套的实际情况,狠抓了油井压裂工艺的研究攻关。

在中含水阶段,为了发挥中、低渗透层的作用,先后成功研究了不压井不动管柱一次压多层的分层压裂管柱(包括滑套式和逐级释放两种)和新型水基压裂液。分层压裂技术和水基压裂液的研究也是创新技术,这是大庆油田水力压裂技术发展的前提和基础,没有这两项技术的创新和突破,就不会有后来发展形成的 18 套水力压裂工艺技术。不压井不动管柱一次压多层技术获 1978 年全国科学大会奖。水力分层压裂在 1971 年工业试验的基础上,1973 年起开始在全油田大面积压裂施工,每年油井压裂 500 井次左右。为了提高效率,大庆油田井下作业指挥部在 1975 年大搞了压裂设备及流程的技术改造和配套,形成了压裂砂筛选、运砂、加砂机械化一条龙,压裂液配制、输送、施工一条龙,压裂管柱、压裂设备、压裂现场指挥系统三配套,从而使油田进入了挖潜改造、提高采收率阶段。

为了搞好中低渗透层的接替稳产,自 1976 年以来在全油田逐步推广了高压注水。为了解决高压注水后中、低渗透层仍然欠注的问题,对水井进行了压裂改造,1971 年 10 月至 1978 年,共压裂水井 1323 井次,平均单层日增注 $25m^3$ 左右,比水井酸化增加的注水强度高一倍。

1978 年,为有效挖掘老区高含水厚油层、重复压裂层以及中低渗透油层的潜力,成功研究选择性压裂技术,就是利用施工井段内渗透率高的层吸液量大、启动压力低的特点,用暂堵剂在低压下将压裂层段内的高渗透层炮眼临时封堵,再提高泵压,压开其他渗透率低的层或低含水部位,达到选压目的。经过 137 井次现场试验,见到了很好的增产效果,平均单井日增油 29.2t,比普通压裂提高 82%,含水下降 4.8%。在当时见水井总数已占油井总数的 95.1%、高含水井已占 27% 的情况下,有效解决了油水层交错分布、封隔器又分隔不开高含水层段的压裂挖潜难题。油井选择性压裂这项技术获 1978 年全国科学大会奖励。

这一时期,油井压裂 2822 井次、5189 层次,阶段年累计增油 654.86 × 10⁴t,压裂当年增产原油达到 100 × 10⁴t 水平。在大量实践的基础上,探索出了一套选井选层的地质条件,初步打破了高含水层不能压裂的禁区,对大庆油田年产上 5000 × 10⁴t 和稳产起到了重要作用。

第三阶段(1979—1989 年):是大庆油田从中含水期后期到高含水期开采阶段,也是油田年产上 5000 × 10⁴t 的稳产时期,压裂工艺技术重点解决了中、低渗透层改造挖潜难题。

1980 年底,大庆油田综合含水已经达到 59.7%,油田开始进入高含水期开采阶段。随着井网的加密、开采方式的转变,措施改造的对象也发生了变化,主要是向低渗透薄油层要油和解决这类油层的注水问题。

在油井增产方面,1983 年,针对油层多、厚度小、夹层薄的已常规射孔老井的改造问题,发展应用了投球法多层压裂技术。该技术应用蜡球转向剂与分层压裂管柱配套使用的逐层压裂工艺,简单可行,一趟管柱可压裂三四个层段,每层段可压二三条裂缝,二次加密井压后可使产能提高 50%,完善系数达 1.5 以上。至 1989 年底共完成 283 口油水井的作业施工,初期单井平均日增油 14.5t,显著提高了二次加密老井的改造效果,有效地改善了注水井吸水差的状况。其中研制的水溶性暂堵剂获得了国家发明专利。

针对油田二次加密新井,1985 年成功研究了限流法完井压裂技术,"突破"了表外层不压裂的界限。该技术采用低密度射孔、大排量施工,一次管柱能够改造 15 ~ 20 个目的层。对于当时没有计算地质储量的表外储油层,其特点是层数多(平均单井 60 个)、渗透率低、厚度薄(一般小于 0.2m),多为油浸、油斑为主的泥质粉砂岩,经过限流法完井压裂后,均具有一定的生产能力,如萨尔图油田中区东部二次加密试验区 17 口井统计,每口井平均射开表外砂岩 6.6m,有效厚度只有 0.66m,经限流压裂投产后,初期产油量可达 11t/d,经一年多的试生产,单井产油量可达 6 ~ 7t/d,使这部分油层作为今后增加可采储量的一种潜力油层。至 1989 年底,共完成了 845 口井的作业施工,综合含水压裂初期 37% ~ 45%，单井日产液 26 ~ 27t，平均单井日产油 15t 左右。目前已广泛应用。

限流法压裂改造技术获 1985 年部级科技进步成果一等奖。在限流法压裂技术推广过程中，为了挖潜临近水淹层的薄互层或水淹厚层中低含水部位的压裂潜力，1986—1988 年又研究应用了"薄夹层平衡限流法压裂完井技术"，使限流法压裂工艺的适应性进一步增强。

在增注工艺方面，限流法完井压裂和投球法多层压裂工艺技术也开始应用于注水井增注。除此之外，在油田上还广泛应用了堵压结合、酸压结合、压裂与双管采油、压裂与抽油等综合工艺改造挖潜。1985年，大庆井下作业公司分别从美国、加拿大的道威尔、史蒂文森和达亚三个公司引进三套千型远控压裂车组，为限流法完井压裂和投球法多层压裂工艺技术的推广起到了重要作用。

这一时期，油水井压裂 13338 口，累计增油 $2117.56 \times 10^4 t$，年均增产原油达到 $192.5 \times 10^4 t$ 水平，注水井改造也保持了年增注水量 $100 \times 10^4 m^3$ 以上，对大庆油田 $5000 \times 10^4 t$ 稳产起到了重要作用。

第四阶段（1990—1999 年）：油田开发进入高含水后期开采阶段，也是油田 $5000 \times 10^4 t$ 的继续稳产时期。

这一时期，油田开发的显著特点就是老区开发井网继续加密，部署的三次加密井井距越来越小，最小井距只有 70m。为解决密井网压裂井的改造问题，1994 年研究应用了水平缝端部脱砂压裂工艺技术，原理是以压裂液滤失为依据，合理控制前置液量和混砂液浓度，使裂缝延伸到预定长度时，在裂缝尖端或其附近产生砂堵，阻止裂缝继续向前延伸。该技术平均施工砂比达 50%，裂缝半径可控制在 19 ~ 25m。就这项技术来讲，也是比较先进的，水力压裂泵车开始起车压裂后，裂缝就有可能延伸出一二十米，所以说，要想把裂缝控制在 19 ~ 25m 这个范围内，难度相当大。

1994 年，针对低渗透多油层的特点，为进一步提高挖潜效果，研究应用了复合压裂增产挖潜工艺技术，即先对压裂井施工的目的层进行高能气体压裂使之在井筒周围产生多裂缝,然后再实施水力压裂使裂缝扩展延伸形成主裂缝,从而提高近井地带导流能力,实现增产增注目的。同常规压裂井相比,应用该项技术增油效果可提高 35% 以上,水井多增注 50% 以上,取得了较好的应用效果。复合压裂增产挖潜技术获 1999 年部级科技进步成果三等奖。

与此同时,外围低渗透油田也相继投入大面积开发,部分区块为了降低成本,打了一些 4in 和 4½in 套管的小井眼井。为了解决这部分井的改造挖潜难题,研究应用了小井眼压裂工艺技术,主要采用预制式分层压裂和封隔器分层压裂两种方法,为小井眼开采"三低"油田提供了配套的技术手段;此外,为适应外围低渗透油藏、水敏性油藏以及稠油井增产改造的需要,1999 年开始进行了 CO_2 压裂技术的攻关试验,引进了 CO_2 压裂车组,配套了地面施工管汇和工具,成功研制了一次坐压两层并同时返排的压裂施工管柱,至 2002 年现场试验 109 口井,压裂一次成功率 93.6%,油井压后初期平均采油强度与常规水力压裂相比提高 58% 以上,应用效果明显,但成本相对较高,制约了在开发井上的应用。

这一时期,共压裂油井、水井 19198 口,累计增油 $1752.75 \times 10^4 t$,年均增产原油达到 $175.3 \times 10^4 t$,年均增注水量 $200 \times 10^4 m^3$ 以上,对大庆油田 $5000 \times 10^4 t$ 持续稳产起到了重要作用。

第五阶段(2000—2009 年):大庆油田进入特高含水期开发阶段,油田综合含水已高达 90%,这一阶段压裂挖潜的主要目的是稳油控水、实施精细改造、提高采收率,这一时期也是压裂工艺技术实现跨越式发展时期。

在老区高含水后期开发上,进一步与油藏地质紧密结合。一是针对水驱压裂挖潜,以实现增油控水为目标,2001 年研究的"个性化"压裂设计技术,首次把单砂体概念引入到压裂优化设计中,使工艺措施与精细地质研究成果结合更加紧密,增强了压裂措施的针对性;2002 年水平缝重复压裂技术,研究了裂缝酸洗技术恢复裂缝壁面的渗透率,并与压裂结合来提高改造效果,使措施有效率由以往的 40% 提高到

81.6%,有效期由 3 个月延长到 9 个月以上;2002 年研究的套管损坏井分层压裂工艺技术,制定了套管损坏井压裂选井标准和施工技术界限,研制了可实现一次压裂 2~3 层的小直径压裂工具,打破了套管损坏井无法改造的采油工程禁区。二是针对三次加密井改造,2001 年研究的保护隔层压裂工艺技术,将压裂隔层厚度由原来的 1.8m 降到目前的 0.4m,解放了大批因隔层厚度限制而无法动用的储层;2006 年研究的长垣油田多薄储层细分压裂控制技术,揭示了同储层内孔眼分布和多储层之间的缝间干扰规律,打破原来单孔排量不能高于 0.4m³/min 的施工界限,形成了新的细分控制压裂设计标准,使实际有效改造小层数由以往的 45.6% 增加到 90%,提高了薄差储层的动用程度。三是针对聚合物驱注入井增注,2002 年研究的树脂砂压裂增注技术,使注聚合物井压裂有效期由原来的 3 个月上升到 12 个月以上,最长已达到 41 个月,解决了聚合物驱注入井压裂有效期短、注入效果差的难题。上述配套技术适应了长垣内部高含水后期调整改造挖潜的需要,应用 3163 口井,油井压裂增油比以往提高 20.2% 以上,累计增油 453.616×10⁴t。

针对外围"三低"油藏有效动用,2004 年研究了大规模压裂技术,实现了井网与裂缝系统的优化匹配,发挥水力压裂造"长缝"的潜力,初步探索了裂缝不发育扶杨油层稀井网开发的技术手段;研究的坐压多层(分层改造)压裂工艺、垂直裂缝大排量限流法压裂工艺适应了外围多薄储层的细分改造;2002—2007 年研究的清洁压裂液技术、裂缝转向重复压裂技术、水平井分段压裂技术等则进一步提高了特低渗透油层的单井产能,使外围开发油井初期平均增油强度与水基压裂相比增加 58%~179%,平均有效期达 11 个月以上。

2000—2009 年全油田压裂油水井 25749 口,压裂当年年均增油 126.7×10⁴t(年均增注 260.97×10⁴m³),相当于一个百万吨产能的外围采油厂的年产量,占同期大庆油田总产量的 2.66%,年均弥补油田老区产量自然递减率 1.8 个百分点、减缓油田综合含水上升幅度 0.15 个百分点,为油田公司"11599"和"5671"工程目标的实现以及超额完成中国石油天然气股份公司下达的生产任务做出了积极的贡献。

总的来说,大庆油田开发建设50年来,伴随着油田从无水期、低含水期、中含水期自喷方式开采,到高含水及特高含水期的机械方式开采,针对油田不同开发阶段的特点,研究形成了适应不同地质条件的18套压裂工艺技术,并取得了一大批自主创新的科技成果,在油田勘探开发中发挥了重要作用。近几年,获国家级科技进步二等奖2项、中国石油天然气总公司技术创新奖7项,油田公司科技进步特等奖2项、一等奖17项、二等奖20项,申请国家专利26项,其中发明专利4项。

总结水力压裂在油田勘探开发中的作用、地位,主要认识是:

(1)随着压裂工艺技术的不断进步和对储层认识的不断深入,压裂领域不断被突破。

一是突破了压裂初期制定的"四个"不准压裂的限制。大庆油田水力压裂技术,在油田从试验到推广也曾走过一些弯路,包括人为的认识和技术的不配套,但是经过不断完善、发展和提高,压裂适应了油田不同开采阶段的需要。为了提高单井压裂增油量,突破了压裂初期制定的"四个"不准压裂(即高渗透层、高含水层、隔层小于3m的储层、油井套管损坏井)。为使预压裂层增产效果好、有效期长,注重了压前培养以及堵压结合工艺的应用,使油井预压层具有充足能量,同时对油田初期制定的"砂岩"也进行了压裂,同样见到明显的增油效果。

二是突破了表外层(达不到标准油层、含油饱和度低)不压裂界限。随着大庆油田勘探开发的不断深入,开发的主要对象已从主力油层逐步向动用难度较大的表内薄差油层及表外储层过渡。这部分储层具有油层多、厚度小、夹层薄、孔渗低、压裂施工破压高等特点,不经压裂改造难以投入正常的开发。为此,研究应用了密井网裂缝参数优化、水平缝脱砂压裂、限流法优化布孔细分压裂改造、保护薄隔层压裂和适合高破裂压力储层改造的55MPa多层压裂管柱等配套技术。加密调整井压裂改造配套技术的研究和应用,提高了储层的动用程度,对保持大庆油田的持续高产、稳产具有十分重要的意义。

（2）压裂改造措施在油田开发"稳油控水"中发挥了重要作用。

一是通过油井压裂对不同含水级别井层产液剖面进行调整，提高了低含水层的动用程度，降低了单井含水，减缓了油田综合含水的上升速度；二是注水井压裂改造为油田开发降低注水压力、提高注水效果、保持油田注采关系平衡、减缓油田套管损坏发挥了重要作用，年均压裂注水井 450 口左右，平均单井日增注始终保持在 $50m^3$ 以上；三是保护隔层压裂、多薄储层细分控制压裂以及多裂缝压裂等细分改造技术的研究应用，为老区表外薄差油层的有效动用提供了技术手段，增加三次加密井动用储量 $2.23 \times 10^8 t$，形成了年产 $19.13 \times 10^4 t$ 的产能，有效弥补了老区自然递减。

（3）压裂工艺技术的进步，成功地使外围低、特低渗透油田投入开发。

1972 年 6 月 7 日首次在大庆外围朝阳沟油田构造顶部的朝 64 井（空气渗透率为 6.9mD）进行压裂，压前提捞日产油 140kg，压后获得了 $15.32m^3/d$ 的工业油流，从而确定了朝阳沟油田扶杨油层的工业开采价值，也拉开了外围低渗透油田的勘探、开发序幕。多年来，针对这类低渗透油藏的增产改造，在引进、推广国内外压裂技术的同时，通过实践—认识—再实践—再认识过程，不断完善、配套了特低渗透油藏压裂改造工艺技术，加快了大庆外围油田的上产步伐。2008 年大庆外围油田总产油量已突破 $600 \times 10^4 t$，有效弥补了油田老井产量的自然递减，并取得了良好的经济和社会效益。

（4）压裂在勘探寻找接替储量上发挥了重要作用，有效缓解了油田开发储采失衡的矛盾。

多年来，针对不同勘探类型的储层，发展形成了不同的进攻性增产改造措施，有利配合了勘探找油找气目标的实现，有效缓解了油田开发储采失衡的矛盾。

一是中浅层低伤害压裂技术的应用，使一大批零散区块的老井压后获得了工业油流，为下步扩大勘探、确定目标打下了坚实基础。以

CO_2、清洁压裂液为代表的低伤害压裂技术的发展应用,使每年中浅层探井压裂工业油流井比例一直保持在 70% 以上,并降低了工业下限标准,使低丰度油藏获得了更高产能(在埋深超过 2000m 的扶杨油层获得了高产工业油流)。

二是海拉尔复杂岩性储层增产配套工艺技术,为海拉尔油田滚动开发和快速上产 $50 \times 10^4 t/a$ 提供了技术保障。海拉尔盆地由于构造和岩性的复杂,增产改造难度大,严重影响了海拉尔油田的勘探、开发进程。为此,研究应用了布达特天然裂缝储层压裂降滤技术、停泵储层识别处理技术、无遮挡储层的控缝高压裂技术系列及适合凝灰质储层改造的压裂液体系,使海拉尔总体压裂成功率由 58.6% 提高到目前的 91.3%,单井增油强度提高了 50.5%,为海拉尔油田快速上产提供了技术保障。

截至 2009 年底,大庆油田共压裂油水井 58118 口,压裂累计增油达到 $5090.29 \times 10^4 t$,累计增注 $5198.69 \times 10^4 m^3$;油水井大修 11231 口,修复 7931 口井,累计恢复产油 $335.99 \times 10^4 t$,恢复注水 $4989.3 \times 10^4 m^3$。压裂工艺技术应用至今,每年的措施增油量都在 $120 \times 10^4 t$ 以上,相当于一个百万吨产能的采油厂的年产量,为大庆油田开发、特别是为 $5000 \times 10^4 t$ 稳产 27 年做出了突出贡献。大量实践资料证明,油水井水力压裂技术不仅是勘探和开发油气藏增产、增注、提高采收率以及寻找和开发低产油气田的一项进攻性重要措施,而且是实现 $4000 \times 10^4 t$ 持续稳产、创造百年油田不可替代的战略措施。

第八节　油田地面建设技术

注水开发油田依靠地面注水工程实现早期内部注水;依靠地面油气集输处理工程实现从初含水到特高含水采出液的集输、处理及净化原油的出矿外输;依靠地面含油污水处理回注工程实现采出水的处理利用,确保注水开发油田地区环境及水环境的长治久安。

油田注水工程需要强大的动力,包括与地区电网联网及建设油田自备电源。为适应分散分布的中、小油田注水开发,往往需要利用油田伴生气、天然气建设燃气发电系统。

注水开发在初含水及中含水期,甚至在高注采比时,要求为注水提供大规模的符合水质要求的清水水源及供水系统。

分层注水开发给地面工程提出了两方面技术课题:充分满足分层注水对水质、注入压力的不同要求,实现分质注水、分压注水;充分适应层系接替稳产,井网多次加密调整对油气集输工程、注水工程的要求,采用灵活的布局方式,充分利用已建工程及多样化的集油工艺,经济有效地把多次加密的油水井纳入油气集输及注水系统。

地面工程适应三次采油需求,创立和发展适合我国油田需要的化学驱配制注入工艺及装备,建立了大规模的三次采油地面生产系统。

一、无水采油期地面工程技术

注水开发油田地面工程的规划设计必须立足于对油田油、气、水性质及相关特性与参数的测试和掌握。通过油气评价及测试技术必须掌握以下项目:原油的一般性质,包括原油凝固点、黏度、密度、胶质、沥青质、蜡含量、残碳、含水量、含硫量、含盐量、开口闪电、闭口闪点、机械杂质、酸值、元素组成(C,H,N,O,S)、微量金属含量(V,Ni,As,Pb)、热值、比热容、油气爆炸极限、饱和蒸汽压、析蜡温度、馏程等;原油实沸点蒸馏及各窄馏分性质,给出各馏分的质量收率、密度、黏度、凝固点、闪点、苯胺点、折光率、平均相对分子质量、酸度、硫含量、结构组成、特性因素、黏重指数等;原油 C_7 或 C_{12} 以前的轻组分潜含量,要求给出其中 C_1—C_7 各单体烃潜含量、C_8 或 C_8—C_{12} 的烃组分潜含量;原油黏温特性,包括无水原油和不同含水率原油的黏温曲线;原油流变性,包括无水原油及不同含水率原油流变性曲线;原油析蜡特性,包括无水原油及不同含水原油析蜡温度;含水原油乳状液特性,包括不同含水率原油乳状液构成;伴生气或天然气性质,包括各单体烃组成,N_2、CO_2、H_2S 及总硫含量,密度,含水量,热值,水露点,烃露点,爆炸极限,微量金属含量,固体微粒分析,以及含油污水中溶解气量等。

利用油气评价及测试技术获得的上述特性数据,成为研究和规划设计油气集输工艺,特别是油气初加工工艺的技术基础。

地面工程规划设计还有赖于对地区建设条件诸如气象、水文、工程地质、环境以及能源、交通等方面的历史及现状数据的充分掌握。

二、自喷采油期的地面工程技术

1. 集输系统设计原则

油田开发初期的无水采油期,油井具有自喷能力的油田,选择油气集输工艺及运行参数时应遵循保护油井自喷能力的原则:一是低回压集油;二是低伤害清蜡。

1)低回压集油

大庆油田大规模自喷采油经验表明,集油系统运行过程中,油井过高的回压,会直接影响油井产量。但回压对油井产量的影响,又与油井的自喷能量即油管压力有关。油井自喷能量越大,油管压力越高,回压对油井产量的影响越小,即回压与油管压力之比越小,集油系统可适应的回压值越高。大庆油田经大规模现场测试及验证,在回压与油管压力之比不大于0.5时,油井回压不会影响油井产量。可依此校核并调整集油系统。

自喷采油期油气集输系统实现低回压集油还必须充分考虑注水开发条件下,无水采油期较短,油井见水,原油含水率上升,集输液量增大,会导致回压上升。为此,一是自喷采油集油系统设计必须适应含水采油的产液需要,为了不使自喷采油期集输系统设计规模过大,又尽可能在自喷采油期实现较长时间低回压集油,一般以中含水期40%的含水率作为确定设计规模的依据;二是应选用能充分适应油井回压变化的油气集输流程。一般情况下,单井进站、集中计量的二级布站流程,集油半径小,集油管道易于调整,对回压的适应能力强。但对于需要井网多次加密调整的整装大油田,还是以选用三级布站流程为宜。

2)低伤害清蜡

自喷井油井清蜡方式的选择,必须不影响油井正常生产压差。一般不选择热油洗井、热水洗井等清蜡工艺,以免影响油井自喷能力。应选用机械清蜡等无伤害清蜡方式。

2. 建立低损耗、低能耗的油气集输处理储运系统

油田地面工程从油田开发伊始,应该把建立低损耗、低能耗油气集输处理储运系统、充分保护和利用好油气资源作为建设地面生产系统的最大宗旨。

采用密闭集输、油气水密闭分离技术,最大限度降低气中带油、水中带油及蒸发损耗;

充分利用低凝、低黏原油有利条件,采用不加热集油、低能耗集油技术,最大限度降低集油能耗;

采用压力容器密闭脱水技术、原油稳定回收轻烃技术、油田气制冷回收轻烃技术,最大限度回收原油、油田气中易损耗轻烃;

采用密闭输油、浮顶罐密闭储油技术,实现油田油气集输处理储运全流程密闭,最大限度降低油气集输处理储运流程总损耗。

三、早期注水的地面注水技术

油田实施早期注水或同期注水,都必须通过注水井试注取得相关数据。地面注水必须取得作为设计依据的单井注水量及井口注水压力数据。对于不同层系开发井网,应按井网提出单井注水数据及布井方式。

1. 注水设备选型

注水泵及其动力机选型,首先要适应油田注水长期、平稳、连续运行的要求。最大限度延长设备检修期及减少易损件更换。注水泵以离心泵、多缸柱塞泵为主,动力机以电动机为主。在特殊条件下,可用燃气引擎、燃气轮机作动力机,但必须具有良好的长期、平稳、连续运转性能。

原则上注水规模较大的大型整装油田以选用大型高压电动离心注

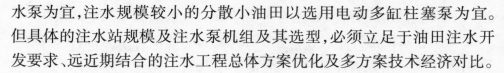

水泵为宜,注水规模较小的分散小油田以选用电动多缸柱塞泵为宜。但具体的注水站规模及注水泵机组及其选型,必须立足于油田注水开发要求、远近期结合的注水工程总体方案优化及多方案技术经济对比。

2. 注水系统的配水方式

注水系统的配水方式按多井或单井配水流程通过注水系统方案对比确定。

在分层注水条件下,可按分层注水压力、注水水质要求,采用分压注水、分质注水技术,建设分压、分质注水系统。按照分层、分质注水的水质要求,无论采用清水水源或含油污水,都必须建立不同水质标准的水处理设施,满足不同层系对注入水质的要求。

3. 必须为油田早期注水准备水源及电源

注水水源首先应选用取水方便的地面江、河、湖泊水源。在无地面水源的油田,应即早进行地下水文地质勘探,寻找并选择地下水源。根据注水水质要求,确定水处理工艺。按照地面或地下水源的取向,开展包括水源工程、水处理工程及输水工程的油田供水系统建设。油田供水设施在满足油田注水需求的同时,应与油区工业及民用需求统筹规划。

油田长期、大规模、连续注水的特点,要求油田应以电源为注水主要动力。在地方电网发达的油区,应充分利用地方电网供电能力,建设油田供配电系统。油田用电规模较大时,按照地区统一规划,建设油田自备电源,确保油田长远用电需求;在无地方电网的油区,建设满足油田总需求的自备电源及供电系统。油田电源应尽可能利用油田自产伴生气、天然气作燃料。

无水采油期历时较短,地面工程应尽早开展含水采油地面技术科研攻关,为含水原油计量、原油脱水、含油污水处理等做好技术准备。

四、低含水采油期地面工程技术

油田进入含水采油期,地面生产系统的产能工程及技术改造工程均应立足于适应本油田的含水采油地面技术,逐步建成以含水原油计量、原油脱水及含油污水处理为主要环节的含水采油地面生产系统。

采用含水原油计量技术,建成系统配套的油田含水原油计量系统:采用两相或三相分离计量技术、简易量油及人工化验含水技术,建成油井单井油、气、水产量计量系统;采用流量计、密度计或含水分析仪计量技术,建成油田内部原油集输计量系统;采用流量计、密度计、含水分析仪及标准体积管成套计量和检定技术,建成油田原油销售计量系统。相应建成油田气、轻烃生产计量及销售计量系统。

通过科研攻关,采用适应本油田的原油脱水技术,建立原油脱水系统。根据含水原油性质,可选择电化学脱水工艺或热化学脱水工艺,并研究筛选与原油脱水工艺配套的化学破乳剂。

根据含油污水性质及油田注水水质标准,选择含油污水处理工艺。一般对于高渗透油层,选用沉降(自然沉降及加药混凝沉降)过滤工艺即可;对于低渗透油层,采用横向流聚结除油等高效除油及多滤料、多次过滤工艺,并在管网系统配置上确保含油污水原水及净化水全部处理,全部回注,连续运行。

低含水采油期采出水不能满足注水量要求,必须注意解决含油污水和清水混注引起的水质变化,采取加药杀菌等措施,确保这一阶段油田注水正常运行。

进入含水采油期,油田产液量上升,应按不同油田产油、产液量预测,确定地面建设规模。鉴于这一阶段对高含水期产液量变化规律难以准确预测,一般以不超过高含水界限(60%)的产液量作为这一时期确定建设规模的依据。

五、中含水采油期地面工程技术

油田进入中含水采油期,采出液中开始出现游离水,产液量增大,脱水负荷上升。为此,原油脱水工艺应由低含水期的热化学电脱水一段脱水向热化学沉降脱水—热化学电脱水的两段脱水工艺转变。由于中含水期采出液主要为油包水型乳状液,为了提高热化学沉降脱水效果,还可采用提前加药管道破乳等措施以缩短加热沉降时间。采用两段脱水工艺,可明显降低原油脱水热能及电能消耗,降低脱水成本。

随原油含水率上升,生产压差缩小,油井开始由自喷采油向机械采油转变。地面工程要适应采油方式转变,调整油气集输工程布局,完善集输工艺,建立适应机械采油的地面生产系统。

机械采油为地面集输工艺提供了扩大集油半径、改变集油技术界限的有利条件。应调整地面规划部署,按机械采油回压界限(一般为10kgf/cm²)扩大集油工程集油半径,降低产能工程投入。

地面工程要为机械采油提供必须的工艺及工程条件。高含蜡原油油田采用热洗清蜡工艺,在转油站、计量站建立油井热洗清蜡系统;低产、低渗透率油田可采用化学清蜡,井场配备加药装置;地面工程规划应适应自喷转抽及含水上升引起用电负荷的大幅上升,尽早部署电源工程及电网建设。

六、高含水采油期地面工程技术

油田进入高含水采油期,采出液构成发生明显变化,特别是原油含水率达到75%以后,采出液中乳状液开始转相,大部分由油包水型转变为水包油型,从而使游离水比例大幅增加(一般达90%以上)。原油脱水工艺及技术界限应进行较大调整。充分利用游离水易于脱除的有利条件,全面采用常温游离水脱除技术及降低电化学脱水温度措施,大幅降低高含水期原油脱水能耗。全面降低原油脱水温度还为在高含水、特高含水期大范围推行不加热集油工艺提供了最低终点温度,有利于全面实施低能耗油气集输。

高含水采油期油田产水量大幅增长,采出水在地面收集、分离、处理、回注系统的循环量大幅增加,所需能耗大幅上升。为此,要根据油田地面系统实际,以缩短采出水循环路径,降低循环能耗为目标,调整采出水分离、处理、回注系统。特别是采用三级布站的油田,应尽可能把游离水脱除前移至转油站,在转油站进行油、气、水三相分离,并在转油站一级进行含油污水处理及回注,实现在采出水分离点就地处理、就地回注,缩短路径,降低能耗。

高含水采油期油田产液量、产水量及注水量增长速度加快,采油、注水用电负荷快速增长。地面建设规模迅速扩大,为了既保持注采平衡,又有效控制建设规模,地面系统必须依据油田开发部署,统一安排原油脱水、含油污水处理、注水及供水、供电工程,做到四水(脱水、污水处理、注水、供水)一电(供电)工程配套规划、配套建设、配套投产运行。

进入高含水采油期,地面集油系统要充分利用含水原油乳状液转相、管输水力条件改善及随原油含水率提高油井出油温度增高、管输热力条件也改善的有利条件,逐步扩大采用不加热集油、掺常温水集油以及季节性不加热集油等低能耗集油工艺。有条件的油田可逐步将以加热集油为主的油气集输系统改造为不加热集油为主的油气集输系统。

实施井网加密调整,分层注水开发,对地面系统提出建立分压注水及分质供水系统的要求。分压注水系统可采用包括不同压力等级注水站、配水系统在内的系统分压方式,也可采用利用低压系统对局部注水井区或注水井单独增压方式。但当分压注水的压力等级差过小时,是否建立分压或增压系统,需要进行技术经济论证。分质供水系统无论是地下水、地面水或含油污水,都需按不同层系注水水质要求建立水质处理设施及分质供水管网系统。

进入高含水采油期,由于注采规模增大,油田能耗上升,地面系统必须实施全方位节能措施:

一是提高系统效率,控制主要系统能耗。提高油气集输系统热力利用率、动力利用率,控制集输吨油耗气量、吨油耗电量;提高注水系统效率,控制注水单位耗电;提高机械采油系统效率,控制机械采油单位耗电;提高供电系统效率,控制供电网损率。

二是推行重大节能技术措施,包括不加热集油技术,低能耗原油脱水、含油污水处理技术,注水、输油、供水系统变频提高输送效率技术,以及高效专用设备等。

七、特高含水采油期地面工程技术

油田进入高含水、特高含水采油期,油气产量随之递减甚至大幅递减。随后,产液量、注水量也逐年下降。地面生产系统普遍面临运行负荷率的下降甚至大幅下降。调整地面生产系统生产规模及站点布局,保持地面生产系统在高负荷、高效率、低能耗下持续运行,应成为这一时期地面工程实施系统调整及技术改造的主要目标。

随原油产量递减,原油脱水、原油稳定、油田气处理及输油系统首先面临调整改造。在调整系统布局及处理规模的同时,应采用低温、高效原油脱水技术,以及进一步提高轻烃收率的原油稳定、油田气处理、轻烃回收技术,确保系统运行效益不减。

由于产油量、产液量递减,原油集输系统的调整要在油井生产指标预测的基础上进行系统方案优选,在进行站点关、停、撤、并及设备"抽稀"时,尽可能利用好现有设备、管网,采用高效、多功能采出液处理设备及输油、输液、输水泵变频技术,提高地面设施利用率和运行效率。

注水系统的调整也应进行指标预测及系统方案优化,并选用变频技术及运行优化技术,保持注水系统高效、低耗运行。

由于地面生产系统运行负荷率的降低,油田新增产能工程,应以利用已建设施为主,最大限度减少新建工程。

进入特高含水采油期,集油过程的水力、热力条件明显改善,采出液中乳状液明显减少,应更普遍实施不加热集油及低温原油脱水、低温含油污水处理。

八、三次采油地面工程技术

大规模工业化的三次采油地面工程技术应经过与油田开发紧密结合的现场先导试验、工业化试验后形成。通过现场试验,形成三次采油化学剂配制、注入技术及装备;采出液集输、处理技术及装备以及采出水处理回注技术及装备。并确定设计三次采油地面生产系统的技术参数及技术界限。

尽可能在较大开发范围,依据三次采油开发部署,编制三次采油地面工程总体规划,以最大限度降低化学驱等高投入设施的单位投资。由于国内油田实施三次采油均是与水驱采油同期实施,地面工程总体规划应着重处理好以下课题:设计好三次采油与水驱采油油气集输处理、含油污水处理总流程;三次采油与水驱采油液体注入总流程;三次采油与水驱采油所需供水、供电工程总体部署。处理好上述课题的总原则是:三次采油与水驱采油地面工艺设施及公用工程要互补、互用,统筹规划。充分利用水驱地面设施,降低三次采油地面投入。

三次采油化学驱地面配制注入工艺的建立与简化,必须满足开发要求,通过试验、规划、设计实现一体化,以获得最佳的开发效益和经济效益。

第九节　稠油开采技术

一、概述

稠油是指在油层温度下脱气原油黏度大于 100mPa·s、相对密度大于 0.92 的原油,国外称之为重油(Heavy Oil、Heavy Crude Oil)。参照国外重油分类,将我国稠油分为普通稠油、特稠油、超稠油三大类(表 2-1)。

表 2-1　中国稠油分类标准

分　类	第一指标		第二指标	开采方式
	黏度,mPa·s		相对密度(20℃)	
普通稠油	50*(或 100)~10000		>0.9200	
	亚类	50*~150*		可以先注水再热采
		150*~10000		热采
特稠油	10000~50000		>0.9500	热采
超稠油 (天然沥青)	>50000		>0.9800	热采

注:*指油层条件下的原油黏度,无*者为油层温度下脱气原油黏度。

稠油的黏度对温度极为敏感,随温度升高,原油黏度急剧下降,黏度与温度关系曲线(黏温曲线)在 ASTM(美国材料试验学会)坐标纸上呈直线变化,温度每升高 10℃左右,黏度往往降低一倍(图 2 - 1)。

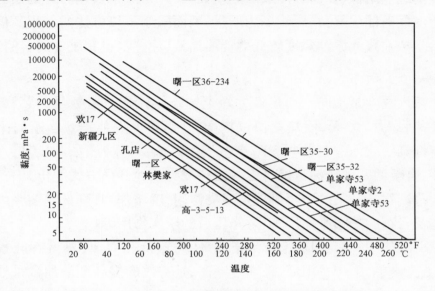

图 2 - 1   中国几个稠油油田的原油黏温关系曲线

二、开采方式

由于稠油黏度高、流动性能差,甚至在油层条件下不能流动,因而采用一般常规开采方法很难经济有效地开发。从 20 世纪初开始,稠油油藏一般采用热力开采。热采就其对油层加热的方式可分为两类:一是把热流体注入油层,如注热水、蒸汽吞吐、蒸汽驱、蒸汽辅助重力泄油(SAGD)等;另一类是在油层内燃烧产生热量,称就地(层内)燃烧或火烧油层(火驱法)、火烧辅助重力泄油(THAI)等,为此,应根据油藏类型和特点,选择不同的开采方式。

1. 热水驱

注热水是注热流体中最简便的方法,操作容易,与常规注水开采基本相同。注热水主要作用是增加油层驱动能量,降低原油黏度,减小流动阻力,改善流度比,提高波及系数,提高驱油效率。此外,原油热膨胀则有助于提高采收率,从而优于常规注水开发。与注蒸汽相比,其单位质量携载热焓低,井筒和油层的热损失大,开采效果较差。特别是当注入速度低而油层又薄,影响更为严重,因而限制了该方法的使用。但对于高凝油油藏或原油黏度较低的稠油油藏,注热水也有成功的实例。

2. 蒸汽吞吐

蒸汽吞吐是指向一口生产井短期内连续注入一定数量的蒸汽,然后关井(焖井)数天,使热量得以扩散,之后再开井生产。当瞬时采油量降低到一定水平后,进行下一轮的注汽、焖井、采油,如此反复,周期循环,直至油井增产油量经济无效或转变为其他开采方式为止。

蒸汽吞吐开采的主要机理是降黏作用,解堵作用,降低界面张力和流体及岩石的热膨胀作用,以及降压后的压实作用等。

稠油油藏一般适应蒸汽吞吐开采,与蒸汽驱对比,蒸汽吞吐投资少、工艺简单、生产费用低、采油速度高,是有效的提高稠油油藏采油速度的一种主要方法。蒸汽吞吐属消耗油层能量式开采,随采出程度的提高,地层压力下降,因而这种开采方式采收率低,一般为 10% ~ 20%,为此,适宜于蒸汽驱或蒸汽辅助重力泄油(SAGD)的稠油油藏蒸汽吞吐后转为蒸汽驱或蒸汽辅助重力泄油开采。

3. 蒸汽驱

蒸汽驱是注热流体中广泛使用的一种方法。蒸汽驱是指按优选的开发系统——开发层系、井网、井距、注采系统、射孔层段等,由注入井连续向油层注入高温湿蒸汽,加热并驱替原油由生产井采出的开采方式。当瞬时油汽比达到经济界限时,蒸汽驱结束或转变为其他开采方式。

蒸汽驱开采的主要机理是降黏作用、热膨胀作用、脱气作用、蒸汽的蒸馏作用、混相驱作用、溶解气驱作用、乳化驱作用(乳状液将会通过降低蒸汽的指进而改善蒸汽的波及状况而有利于蒸汽驱生产)等。

蒸汽驱是大幅度提高稠油采收率的成熟技术,由于其投资大、成本高、生产操作较为复杂,因而也存在有风险性,在目前工艺技术条件下,国内外提出了适宜于蒸汽驱开采的油藏条件(表2-2)。

表2-2　目前热采生产工艺水平下适宜于蒸汽驱的油藏条件

	油藏条件	国内标准	国外标准
油藏地质条件	油藏埋深,m	<1400	<1400
	净总厚度比	>0.5	>0.5
	岩石有效孔隙度 ϕ	>0.2	>0.2
	原油含油饱和度 S_{oi}	>0.5	>0.5
	$\phi \times S_{oi}$	>0.1	>0.1
	原油相对密度	<0.95	<0.9
	渗透率,mD	>200	$Kh/\mu > 3$
	原油黏度,mPa·s	50~10000	
	油层厚度,m	>10	>6~10
	纵向渗透率变异系数/级差	<0.55~0.65/6.0~8.0(反韵律)	
	边、底水体积大小	<5.0倍油区体积	不大
开发条件	油层纵向动用程度,%	>50	
	油层中窜流通道	无窜流通道	无裂缝
	吞吐回采水率,%	>30~40	
	油层供液能力	无量纲比采液指数大于20%	

蒸汽驱一般分层系或上返式(有利于"热板效应"的应用)开采,选用面积井网,小井距,反九点或五点法注采系统,高速开发。此外,实施有效的蒸汽驱开采,必须满足以下操作条件:

(1)注汽强度高于 $1.5t/(d \cdot hm^2 \cdot m)$ (以井组为单元);

(2)注入蒸汽干度(井底)大于 40%~60%(油藏不同而不同);

(3)临界采注比大于 1.2;

(4)油井排空生产,实施降压开采。

4. 蒸汽辅助重力泄油(SAGD)

蒸汽辅助重力泄油技术已是开发超稠油的一种工业化应用技术,其基本原理是以蒸汽作为加热介质,在流体热对流及热传导作用下加热油层,依靠重力作用开采稠油。它可以有不同的应用方式:一种是平行水平井方式,即在靠近油藏的底部钻一对上下平行的水平井,上面水平井注汽,下面水平井采油;另一种是水平井与直井组合方式,即在油藏底部钻一口水平井,在其上方钻一口或几口垂直井,垂直井注汽,水平井采油;第三种单管水平井 SAGD,即在同一水平井内下入注汽管柱和抽油管柱,通过注汽管柱向水平井最顶端注汽,使蒸汽腔沿水平井逆向扩展。

SAGD 过程有如下特征:

(1)利用重力作为驱动原油的主要动力。

(2)利用水平井通过重力作用获得相当高的采油速度。

(3)加热原油不必驱动未接触原油(冷油)而直接流入生产井。

(4)几乎可立即出现采油响应。

(5)采收率高。

(6)累计油汽比高。

(7)除了大面积的页岩夹层以外,对油藏非均质性极不敏感。

实施 SAGD 开采的主要技术要求:

(1)水平井钻井完井技术:防油层伤害,严格控制水平井轨迹。

(2)注汽技术:注入高干度蒸汽,蒸汽干度必须大于 70%,才能保证蒸汽腔有效扩展,也才能获得好的开发效果。

(3)举升技术:需采用大排量耐高温抽油泵(耐温 250℃以上);生产井排液速度应满足气液界面在两水平井之间的位置(双水井开采)。

(4)监测技术:温度、压力的实时监测,以有利于调整措施的实施。

5. 火烧油层

火烧油层是将空气或氧气由注入井注入油层,先将注入井油层点

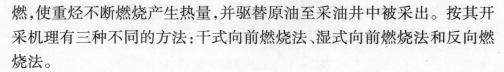

燃,使重烃不断燃烧产生热量,并驱替原油至采油井中被采出。按其开采机理有三种不同的方法:干式向前燃烧法、湿式向前燃烧法和反向燃烧法。

1)干式向前燃烧法

干式向前燃烧法是由注气井向油层连续注入空气或氧气点火,并使燃烧前缘向周围生产井推进。原油被燃烧前缘的烟气和共存水汽化形成的蒸汽所驱替,前缘推进方向与注入气体流动方向相同。

2)湿式向前燃烧法

湿式向前燃烧法是干式向前燃烧一段距离,使油层积蓄一定热量后,在注空气同时掺入适量水,使燃烧前缘向生产井推进。湿式燃烧既有蒸汽驱特点,又具有干式向前燃烧的特点。与干式燃烧相比其优点是:

(1)由于蒸汽比空气携带热焓值大,因而能更为有效地进行热量的传递。

(2)燃烧前缘的蒸汽带比较大,可更有效地驱扫油层,提高驱油效率。

(3)燃烧区内燃料消耗量低,可降低空气注入量,提高了经济效益。

3)反向燃烧法

反向燃烧法的燃烧过程是空气流动方向与燃烧前缘的运动方向相反,即注气井连续注入空气一直到与生产井沟通,然后由生产井点火燃烧,燃烧前缘向注气井方向燃烧,而被加热的油则被驱替至生产井采出。由于下列原因,此方法难以实现:

(1)一般烧掉的是轻质组分,重质焦油却残留在砂层中。

(2)点火时生产井井底结构易受损坏。

(3)注入井附近最后将发生自燃,变成向前燃烧。

(4)过程难于控制,驱油效率低,使此法无法投入应用。

火烧油层的使用范围较广,表2-3列出了有关专家及美国石油委员会提出的火烧油层筛选标准。

表2-3　火烧油层筛选标准

作者	年份	油层厚度 h,m	油层深度 z,m	孔隙度 ϕ	渗透率 K mD	油层压力 p kgf/cm²	含油饱和度 S_0	原油密度 g/cm³	原油黏度 μ mPa·s	流动系数 Kh/μ D·m/(Pa·s)	储量系数	备注
雷温(Lewin)	1976	>3	>152	—	—	—	>0.5	1.0~0.8	—	>6.1	>0.05	
朱杰(Chuchich)	1977	—	—	>0.22	—	—	>0.5	0.91	<1000	—	>0.13	用回归分析和置信界限法统计资料
	1980			>0.16	>100		0.35	>0.825		>3.0	>0.077	
爱荷(Lyoho)	1978	1.5~15	61~1372	>0.2	>300		>0.5	1.0~0.825		>6.1	>0.064	干烧法井网小于16.2hm²
	1978	>3.0	>0.25	>0.25	—		>0.5	>0.8	<1000	—	0.08	湿烧法
美国石油委员会(NPC) 火烧	1984	>6.0	<3505	>0.3	>35	<140		0.849~1.0	<5000	>1.5	0.08	现有技术
蒸汽	1984	>6	<914.4	>0.2	>250	<105.5		0.855~1.0	<15000	>1.5	>1.0	

6. 火烧辅助重力泄油(THAI)

该技术是一种开采稠油的前沿技术,已由加拿大 Petrobank 公司在现场进行了先导试验并见到了较好的效果。

该技术一般采用水平井与垂直井组合的方式,水平井为生产井,垂直井为注入井。在注入井点燃油层,连续注空气形成燃烧腔(燃烧带),在高温下(400~600℃),冷油焦化(焦炭带)作为燃料而被消耗,极热的气体(主要是 N_2,CO_2 和 CO 等)向前推进,受加热、蒸馏而流动的原油(流动带)泄入水平井而被采出。

该技术不需要泵抽,流动油和汽化水被燃烧后的混合气体举升到地面。该技术适用于块状稠油油藏。

我国东部地区稠油油藏埋藏较深，一般埋藏深度大于900m，注蒸汽开采，井筒热损失大，效果较差。以辽河油田为例，在目前探明的稠油地质储量中，埋藏深度600～900m稠油油藏，其储量占探明稠油储量的15.69%，埋深900～1300m稠油油藏，其储量占41.39%，埋深大于1300m稠油油藏，其储量占42.92%。与国外稠油油藏相比，埋藏较深，属中深层稠油油藏。

此外，我国稠油油藏属陆相沉积，油层非均质较严重，泥质含量较高，蒸汽吞吐开采注入蒸汽的冷凝水回采困难，回采水率低，蒸汽吞吐转蒸汽驱初期，存在着一个较长的低产期，油井产量低、采注比低、油汽比低，极大地影响了蒸汽驱开发效果。分析蒸汽驱初期低产期的存在，主要有以下几个方面的原因：

（1）蒸汽吞吐后油藏压力低，很难建立较大的生产压差。辽河油田蒸汽吞吐开采主力区块地层压力水平已降至原始地层压力的20%～30%，转蒸汽驱初期很难建立较大的生产压差，不利于提高油井排液量。

（2）蒸汽吞吐后油井存水量较高，辽河油田高3块回采水率26.9%，2006年底平均单井地下存水量高达1.39×10^4t。油井存水量高，蒸汽驱初期，生产井含水率高；注入井存水量大，则耗损大量注入蒸汽的热能，不利于实现有效的蒸汽驱开采。

（3）蒸汽吞吐后转蒸汽驱初期，由于油层动用的不均衡及注入蒸汽加热存水，造成注入蒸汽干度低，因而易造成热水窜进，油井产量低。

（4）蒸汽吞吐转蒸汽驱初期，由于冷油带的推进，生产井井底有一个短暂的温降过程，渗流阻力大，不利于提高油井的排量。

针对上述问题，为了提高蒸汽驱开发效果，提出了生产井"火烧吞吐"引效，注入井实施"火烧段塞＋蒸汽驱"组合式开发技术。

7. 火烧吞吐

火烧吞吐开采工艺是应用电热器点火、天然气点火、自燃点火或化学法点火等点火技术,将油井油层加热到450℃以上的温度点燃油层,用空气压缩机向油井内连续注入一定数量的空气(富氧),而后停止点火燃烧,关井(焖井)数天后,使热量得以扩散,然后开井生产,达到增产的目的。火烧吞吐开采主要是针对高轮次蒸汽吞吐开采井,由于油井的地下存水量较高,地层压力较低,实施火烧吞吐开采可以提高单井日产油量。该技术对未实施蒸汽吞吐开采的油井同样适用。

火烧吞吐开采稠油的工艺技术具有以下优点:

(1)在各种情况下,应用火烧吞吐开采能降低原油的黏度,并能长期改善油井的生产动态。

(2)对于地下高黏度原油的低产井,采用火烧吞吐处理后,常可达到增产目的;对于不流动的烃类(指沥青及蜡)堵塞井壁后的低产井,火烧吞吐处理也可达到增产效果;

(3)蒸汽吞吐井实施火烧吞吐引效可以汽化存水为高干度蒸汽,具有火烧、蒸汽吞吐的双重效果;汽化存水可大幅度提高地层压力(蒸汽与同质量的水在相同温度、压力下比容差异很大),建立较大的生产压差,有利于提高油井排量;汽化存水可提高油井油相渗透率,有利于提高油井产量。

(4)火烧吞吐开采可有效地利用油田天然能量。

(5)与火烧油层相比,该技术不存在环境污染问题。

实施火烧吞吐开采,是否存在不安全生产问题,即当焖井后开井生产,是否存在由于混合气体中氧含量超过10%,甲烷气含量超过5%,遇火花而引起工业性爆炸。研究表明,当混合气体中氮气(N_2)含量超过81.5%,或二氧化碳(CO_2)气体超过22.1%,均不存在有工业性爆炸的可能性。对此,可在开井前测量氮气和氧气的含量。当氮气含量低、氧气含量高时,向井内注氮气,再焖井,当测量值超过其界限值(大于81.5%)后,再开井生产,以避免造成生产不安全的问题。

火烧吞吐开采已在辽河油田、吉林油田实施并见到了好效果。

8. 火烧油层段塞 + 蒸汽驱组合式开采

1999 年石油工业出版社出版的《稠油热采技术》中,曾对稠油油藏的复杂性、各种技术的适应性、局限性提出"组合式"开采的想法(629页)。近期针对我国稠油油藏蒸汽吞吐后转蒸汽驱开采中所出现的问题提出了"火烧油层段塞 + 蒸汽驱组合式开采"技术(《特种油气藏》,2007 年第 5 期)。

火烧段塞 + 蒸汽驱组合式开采是指稠油油藏蒸汽吞吐后,在所选定的注采井网条件下,注入井点火连续注空气(或富氧),油层燃烧形成一个小段塞,而后注入井改注高干度蒸汽,进行蒸汽驱开采。由于段塞尺寸小,因而火烧段塞 + 蒸汽驱属于以蒸汽驱开采方式为主的组合式开采技术。

火烧段塞 + 蒸汽驱正是利用了火烧油层开采机理,特别是燃烧带400 ~ 800℃ 高温,使之火烧段塞后转蒸汽驱初期,有利于提高注入井井底温度,汽化吞吐开采存水;有利于提高后续蒸汽驱注入蒸汽干度;火烧油层段塞汽化存水后,由于相同温度、压力条件下,液体与蒸汽的比容相差较大,蒸汽体积远高于相同质量水体体积几倍甚至几十倍,汽水存水则有利于提高地层压力,建立较大的生产压差;此外,汽化存水 1.0×10^4 t,蒸汽驱开采时则少注入 1.0×10^4 t 蒸汽,相对缩短了蒸汽驱注入周期。由此可见,火烧油层段塞有利于缩短蒸汽初期低产期,有利于提高蒸汽驱阶段采注比,大幅度提高蒸汽驱开发效果。

此外,汽化存水后,在燃烧腔前存在有一个厚实的蒸汽带,由于蒸汽前缘是相对稳定的,因而也就有利于抑制火线的窜进,从而使后续的蒸汽驱可获得较好的开发效果。

以辽河高升油田高 3 块为例,应用加拿大 CMG 数模软件进行了蒸汽吞吐后转蒸汽驱与火烧段塞 + 蒸汽驱两种方式的对比研究。在优选的注采参数条件下,蒸汽吞吐后进行火烧油层段塞 + 蒸汽驱开采比蒸汽吞吐后直接转蒸汽驱开采,采收率提高 11.0% ,油汽比达到 0.2 以上

（表 2-4），火烧油层段塞+蒸汽驱总采收率达到 59.35%（含蒸汽吞吐采油量）。

表 2-4　高 3 块两种开发方式效果对比表

方式	时间,d	采油速度,%	采出程度,%	油汽比	气油比
火烧段塞+蒸汽驱	1980	5.47	36.13	0.203	1501
蒸汽驱	2010	3.71	24.85	0.145	—

通过研究可得出以下结论：

（1）火烧段塞+蒸汽驱组合式开采有利于提高注入井井底温度，汽化吞吐开采存水；有利于提高后续蒸汽驱进入蒸汽干度；有利于提高地层压力，建立较大的生产压差；有利于提高蒸汽驱阶段的注采比，缩短蒸汽驱初期低产期，提高蒸汽驱开采效果。

（2）火烧段塞+蒸汽驱组合式开采技术可行。

（3）火烧段塞+蒸汽驱组合式开采技术属创新技术，可大幅度提高原油采收率，是稠油油藏蒸汽吞吐后有效的接替技术。

对辽河油田高 3 块进行研究后，又做了大量物理模拟、数值模拟研究。物理模拟研究表明，火烧后注蒸汽在高温下出现"自生热"现象，高温区体积扩大，其温度也从 600℃提高到 700℃以上。数值模拟研究表明，次生水体有利于实施火烧开采扩大波及体积并具有湿式燃烧的特点。这进一步证实，蒸汽吞吐后实施火烧油层段塞式开采有利于提高驱油效率，扩大波及体积。在此基础上，2009 年新疆油田开展了红浅一区（蒸汽吞吐开采后区块）火烧油层试验并已见到了好效果。

三、主要的工艺技术及设备

（1）预应力套管完井：对注蒸汽井套管柱进行预应力处理。先求出因温升而使套管产生的最大热应力，再计算出对套管柱施加的预应力值，并计算出套管预应力施工时井口应提的总拉力值。总拉力值拉长套管的长度，即热应力所伸长的长度，套管柱在受拉力伸长的状况下注水泥固井，水泥返至地面，候凝后拉伸的套管柱不再缩回，这即为预应力套管完井。预应力完井可防止套管柱因反复拉伸及压缩导致接箍漏失或螺纹滑脱损坏。

（2）防氢害隔热油管、真空隔热油管：用于热采井注蒸汽时减少井筒热损失，提高井底蒸汽干度，保护油层套管及管外水泥环免遭损害。

（3）井筒降黏技术。

（4）稠油井防砂技术。

（5）分层注汽技术。

（6）高温监测技术。

（7）注蒸汽专用锅炉及水处理设备：目前一般有 6t/h、9.2t/h、11.5t/h、23t/h 锅炉，工作压力为 17MPa。

（8）注蒸汽热采井口装置：耐温 370℃、耐压 27MPa。

综上述，稠油热采技术是提高油田采收率的成熟技术。由于稠油资源丰富，随着世界常规油田储量的日益减少，在"重油——21 世纪的重要能源"（1998 年第七届重油及沥青砂国际会议）主题下，稠油热采技术必将进一步受到人们更多关注。

第三章 思 维 方 式

油田是深埋在地下客观存在的天然地质体,它的结构、特性很复杂,隐蔽性强,对它的认识带有明显的不确定性。开发油田就是发挥人的主观能动性去认识和改造客观世界,是人类改造"天然自然"和创造"人工自然"的过程,而且要在遵循自然规律和社会规律的基础上,实现人与自然、社会的和谐发展,从而造福人类。

开发油田必须要有科学的思维方式,以辩证唯物论为指导,坚持实践性原则,在油田开发实践中实现主观和客观的辩证统一;坚持客观性原则,一切从客观实际出发,按客观规律办事;坚持联系性原则,用对立统一的规律处理油田开发中的矛盾;坚持发展性原则,立足现实勇于创新,不断开创油田开发的新局面。

第一节 油田开发实践性原则

马克思主义哲学在认识论上坚持唯物主义,把科学的实践观引入认识论,在唯物论和辩证法统一的基础上科学地阐述了实践在认识中的地位和作用,"实践的观点是辩证唯物论的认识论之第一的和基本的观点"。认识的来源是实践,认识的动力是实践,认识的目的也是实践。人们只能在油田开发实践中认识油田,而且在油田开发实践中发展认识、加深认识和检验认识的真理性。

实践是人们根据自身的需要,依靠自然、适应自然,并在认识自然的基础上能动地改造世界的有目的活动。

一、取全、取准油田第一手资料,努力把油田地下情况研究清楚

为开发油田编制和部署油田开发方案,首先需要把油田的基本面貌、初始状态搞清楚。由于油田深埋在地下,隐蔽性强,对于油田的地

质特征,包括油田的构造、储层、面积、储量、油气水性质、压力系统等,需要通过全面的调查和获取有关的资料、数据、信息,在实践活动中通过人的辩证认识才能掌握。

大庆油田的开发,在"两论"思想指导下,坚持辩证唯物主义的反映论,反对唯心主义的先验论,在取全取准油田第一手资料上下工夫,把油田的地质特征和基本面貌研究得比较清楚,油田开发方案设计比较符合油田的客观实际,因此,一开始就获得了比较好的开发效果。

为了取全、取准油田第一手资料,在 1960 年 4 月召开的第一次油田技术座谈会上,总结了过去有的油田因地下情况不清,决策失误,使油田开发受影响的教训,认识到"心中无数决心大,情况不明办法多"是要受客观规律惩罚的。会议经过充分讨论,提出搞好油田开发必须立足于对地下地质情况的清楚认识,要求在油田勘探和开发中,每钻一口井都必须取全、取准 20 项资料和 72 个数据,做到一个不能少,一点不能错。并规定勘探开发的资料录取要做到"四全四准",提出了"全党办地质,人人办地质"的口号和"石油工作者工作岗位在地下,斗争对象是油层"的科学理念。大庆油田开发把高度的革命精神和严格的科学态度结合起来,在实践中录取了大量准确、齐全的第一手资料。在此基础上,认真地进行分析研究,使认识尽量符合油田客观实际。据开发初期 1963 年统计,全油田共钻井取岩心 1.3×10^4 m,测电测曲线 2 万多条,测压力 4 万多井次,做岩样分析 553 万个,分析化验 160 万次。通过对油层的反复对比,发现油层具有多级沉积旋回特征,研究形成了一套"旋回对比,分级控制"的单层对比理论和方法。到 1963 年进行的地层对比达 1700 多万次。由于获取了大量齐全、准确的第一手资料,对油田构造、油层发育、油气水性质、地层压力分布以及油田面积、储量等分析研究得比较清楚,为正确地编制油田开发方案和合理开发油田创造了有利的条件。

为了把油田地下情况研究清楚,坚持开展油田开发试验,也是一项重要的实践活动。搞好先导性油田开发试验,超前认识油田的地质特征和开发规律,为全面开发油田做好技术准备。

找到大庆油田以后,如何开发这样大的油田,当时的决策者们认识到,在油田开发的部署上,战略决策要慎重,力求不犯错误,要犯错误也要犯可以改正的错误,绝不能犯不可改正的错误。怎样才能做到这一点呢?这就要坚持辩证唯物主义的认识论,一切经过试验,摸着石头过河,开发油田的设想先在小范围试验,"解剖麻雀",待取得经验后,再在大范围推广。

1960年4月24日,大庆石油会战领导小组召开扩大会议,决定在萨尔图油田中部30km²面积内开辟生产试验区,并召开大庆油田"五级三结合"技术座谈会,讨论生产试验区的开发方案。1961年又在生产试验区开展"十大试验",从中暴露矛盾,发现问题,摸索规律,总结经验,用以指导整个油田的开发,这是大庆油田开发取得成功的一条重要作法和经验。

大庆油田开发近60年,针对油田不同的开发阶段、出现的不同的开发矛盾和问题,坚持一切经过试验,累积开展的先导性油田开发试验300多项。例如,为提前了解注水开发全过程的小井距试验、中高含水期的分层开采接替稳产试验、加密井网试验、注采系统调整试验、薄差油层开采试验、高含水期的稳油控水试验、三次采油试验(包括化学驱、注气非混驱、泡沫驱、微生物采油)等。油田开发试验把感性认识和理性思维的特点有机地结合起来,成为证明和发展科学知识的有效手段,使对油田的科学认识不断深化,对油田的开发调整措施既有实践的经验,又有理论的基础,因此能够获得很好的油田开发效果。

我国发现的油田绝大多数属于陆相生油和陆相储油的陆相油田,其特点是油田类型多、构造复杂、储油层非均质严重、油气水性质变化大,要开发好这样的油田,为取全、取准第一手资料,一般都需要开展油田开发试验,深入认识油田的地质特征,突破一点获得经验,再全面推广。

如渤海湾地区的油田断层发育,很多是复杂断块油田,有人形象地把油田比喻为像"一个盘子扣着掉在地上摔碎,又被人踢了一脚",开发这样的油田更需要摸着石头过河。大港油田 1964 年 12 月首获高产工业油流,1965 年开始编制第一个港东一区 6.1km² 的试验区方案,按 500m 三角形井网布第一批基础井,1966 年钻井 23 口后,发现对构造、油层的认识有很大的变化,断层多、断块小、油层不连续,后来重新调整了开发部署,以 300m×300m 井网部署使油田顺利投入开发。

辽河油田稠油油田比较多,其原油性质具有高凝固点、高含蜡、高黏度的特点,一般的采油工艺无法开采。通过调查研究,广泛吸收国内外先进经验,开辟生产试验区,1982 年首先在高升油田深油层(1600~1700m)进行蒸汽吞吐技术试验获得成功,1994 年又在曙光油田 4 个试验井组进行蒸汽驱先导性试验也获得成功,使稠油开采工艺技术获得突破,形成了开发稠油的配套工艺技术,并在全国推广,使我国稠油热采的产油量在 2000 年居世界第四位,为我国稠油开发作出了贡献。

个别油田违背客观规律,急于求成,不认真取全、取准第一手资料,不搞油田开发试验,结果遭受挫折和损失。如 1995 年 3 月,某油田某井获得高产工业油流,上报控制地质储量 5900×10⁴t。原来准备再钻 10 口评价井和开辟 4 个井组的开发试验区,但当时急于要油,认为情况清楚了,不需要搞开发试验,要求马上全面开发,建成 100×10⁴t/a 产能。1996 年编制出开发方案,布井 206 口,当年完钻 135 口,试采结果近一半井不出油,出油的井产量也下降很快。后来经过调查研究,由于储层零散,储量有限而被迫停止钻井。到 1998 年共钻井 157 口,大部分井不能正常生产,2001 年年产油仅 1.86×10⁴t,经对地质储量复算核实,地质储量仅相当于过去计算储量的 1/9。该油田开发建设总投资 10.65 亿元,因开发效果和效益太差,投资无法收回,这一教训是深刻的。

二、在油田开发实践中检验和加深对油田的认识,不断搞好油田开发调整

油田开发方案设计在实施过程中能否达到预期的效果,只能通过油田开发实践去检验。

由于油田的隐蔽性、复杂性和不确定性,对油田的认识不可能一次完成,要在油田开发实践过程中逐渐完善。尤其是油田投入注水开发后,地下的压力场、温度场、油气水分布、储层物性和流体性质等都在不断地运动和变化,地下的矛盾也在不断地暴露出来。在油田开发方案设计的实施过程中,毫无改变地实现是很少的。因此,油田按照开发方案投入开发之后,要注重各种资料、信息的录取工作,搞好油田开发动态的分析研究,对出现的矛盾及时采取相应的措施,甚至调整开发方案。如胜利油区的东辛油田属于复杂断块油田,1961年4月首先打出第一口工业油流井升8井,1962年9月打出日产油555t的高产油流井营2井。但当时对这个油田类型还缺乏经验,仍按整装背斜构造油藏的开发思路进行部署,到1966年底详探井、系统取心井和解剖井陆续完成,暴露出许多实际情况与预想不符的新问题,有的地方钻井成功率仅40%。由于油田构造非常复杂,油层发育及分布、油水系统、油水性质变化也很复杂,当时人们对其规律性认识不足,因此将这种现象形象地称为"五忽"油田,即(油层)忽上忽下,忽薄忽厚、忽油忽水、(原油)忽稠忽稀、(产能)忽高忽低。针对这种复杂的油田类型,后来总结出"整体设想、分批实施、及时调整、逐步完善"滚动勘探开发的程序原则,首先将主要油气富集断块投入开发,其他地区继续详探。东辛油田1968年投入开发的地质储量3883×10⁴t,1984—1987年利用三维数字地震等新技术,结合钻井、开发动态资料,实行滚动勘探开发,先后又发现16个含油断块,新增含油面积26.1km²,新增地质储量4115×10⁴t;后来通过科学技术的发展进步,采用以层序地层学和构造演化为主的区带评价技术、全三维高分辨率目标处理解释及测井约束地震反演技术、数字测井为主的多井储层评价技术,以及全面应用滚动勘探开发一体化软件和计算机技术等,到 1999 年又滚动勘探发现新断块 15 个,探明含油面积 10.5km^2,又新增地质储量 1278 × 10^{4}t。

东辛油田通过 40 多年的勘探开发,共钻井 2000 多口,逐渐认识了油田的地质特征,是我国发现的第一个复杂断块油田,含油面积 93.8km^2,共有组合断层 252 条,将油田分成 195 个断块,每个断块的含油层系、原性性质、油水系统、压力系统、天然能量均不相同。由于在油田开发实践中,不断深化对油田地质特征的认识,使人们的认识逐渐接近客观实际,并有针对性地采取相应的开发调整措施,油田的开发效果也逐渐得到改善,东辛油田的年产油量也由 1968 年的 28 × 10^{4}t,逐步上升到 300 × 10^{4}t。

油田开发没有结束,对它的认识也不会终止,人们对油田的认识是一个反复实践反复认识的过程。由于实践和认识的主体对客体的认识受诸多条件的制约和限制,认识的过程就是要处理好主观和客观这对矛盾,使主观认识尽量符合客观实际,这个过程只能在油田开发实践中去逐渐完成。人的实践能力和认识能力是相对有限的,而实践和认识的发展是无限的。

第二节　油田开发客观性原则

油田开发活动是由人来进行的,但油田的存在与发展变化却是客观的。油田开发工作者要实现认识与改造油田这一根本任务,并达到多出油、出好油及提高石油采收率的目的,就不能仅凭主观愿望和想象行事,而必须遵循油田的客观性原则,坚持从油田的客观实际出发,符合油田开发的客观规律。

一、油田开发必须一切从客观实际出发,坚持实事求是的根本原则

油田开发的客观因素,除油田的地理环境和社会环境外,主要是油田的地下地质特征。每个油田的地质特征都不一样。世界上没有完全相同的油田,就是有相似的油田,也只是某些方面相似。因此,油田开发必须从每个油田的客观实际出发,坚持实事求是,使主观与客观相一致、理论与实践相结合,制订的油田开发决策、规划、方案、设计,才能达到预期的目的。如果脱离客观实际,就会在油田开发活动中犯主观主义的错误,甚至造成不可弥补的损失。

东辛油田针对复杂断块油田的地质特点,制订的"总体部署、分批实施、及时调整、逐步完善"的滚动勘探开发程序和根据不同断块的具体情况区别对待的油田开发原则,就是一切从客观实际出发的成功经验。对于边水发育天然能量充足的断块,充分利用天然能量开采(如营8断块沙一$_1$油藏、营87断块沙一$_{2-3}$油藏等);对有一定天然能量的半开启的断块油藏,采取边缘或边外注水的方式(如辛11断块沙二$_{2-3}$油藏等);对于异常高压的断块油藏,充分利用弹性能量开采(如营2、营6、营11等沙三段油藏等);对于封闭型断块油藏和天然能量小的断块油藏,采取早期注水,主要是内部点状注水的开采方式。

具体情况具体分析,区别对待,采取多种形式补充能量、多种方法采油,有针对性的"一块一策"、"一井一法"的开发方法,取得了良好的开发效果。在油田稳产问题上,不追求每个断块的长期稳产,而是搞好整个油田产量的"断块接替",使整个油田实现了较长时间的高产稳产。

东辛油田这些认识世界和改造世界的油田开发科学思想方法,是符合唯物辩证法基本规律的。

二、研究和遵循油田开发的客观规律,按客观规律办事

油田开发工作必须从客观实际出发,这不是仅仅局限于简单的客观情况的表面现象,而是要把握其本质和规律,使油田开发工作合乎客观规律。规律是事物发展过程的本质联系和必然趋势,规律是客观存在的和本身固有的,不以人的意志而转移,但它是可以被认识的。人们在长期油田开发反复的实践中认真体验、精心探索、辩证思维、由浅入深、由感性认识上升到理性认识,尤其是通过正反两个方面的经验教训,揭示出很多油田开发的客观规律。不同类型的油田有其不同开发规律,油田开发的不同作法和开发的不同阶段,都有其客观规律,只有研究和认识客观规律并遵循客观规律去从事油田开发工作,才能获得好的开发效果。不同类型的油田开采规律是不同的,需要认真分析研究。如对于砂岩储层的油田注水开发,就要研究单相和多相流体在多孔介质是流动的达西定律,研究各类油层的相对渗透率曲线和毛细管压力曲线;对于储层非均质严重的油田就要搞好层系井网的划分,对不同类型的油层要采取不同的井网部署和不同的开采方式。油田注水开发还要研究油田产量的变化规律,做出科学的预测,针对不同开发阶段的开采特点,采取不同的调整措施和调控指标,做到心中有数,科学合理地开发。

对于储层渗透率特别低的油田,就要研究孔隙结构特征复杂状况,针对存在"启动生产压差"现象,以及渗流阻力和压力消耗大等开采规律,要采取加大井网密度、缩小注采井距、实行早期或超前注水、提高注水强度和注采比、放大生产压差以及压裂改造油层等措施。

对于裂缝性砂岩油田,就要研究裂缝分布和发育的规律,研究地应力对裂缝走向的影响,采取平行裂缝走向布置注水井,沿裂缝注水才能获得好的开发效果。

第三节　油田开发联系性原则

油田开发系统是一个复杂的巨大系统,各系统之间,每个系统内部诸要素之间,都是相互依赖、相互影响、相互制约和相互作用的。物质世界是普遍联系和永恒发展的,这是唯物辩证法的总特征之一。搞好油田开发工作就必须认识联系性方法和原则,把握事物的本质联系,切忌孤立地、片面地看问题,而是要用全面的、联系的观点综合的认识和处理油田开发中的各种问题。

一、运用对立统一规律处理油田开发系统中的关系

油田开发是相互联系又对立统一的整体。油田开发由自然系统（油藏系统）和人为开发系统组成。油藏系统主要包括构造、储层、油气水、天然驱动等子系统，人为开发系统包括油藏工程、钻井工程、采油工程、地面工程、生产管理等子系统。油田开发系统结构层次多、相互关系复杂，具有开放性和灰色系统的特征，但是它们之间是普遍联系、相互依存的统一整体，都不能孤立地存在，每个系统内部各个要素也不能孤立地存在，都同其他要素相互联系着。

开发地质工程子系统是整个油田开发系统的基础和龙头，确定了油藏开发方案部署，钻井工程、采油工程、地面工程、管理工程等子系统就要相应的配合，才能使油田开发方案部署顺利实施。

采取水驱开发的油田，对油田产量、压力、含水等要素的变化和分析，就必须和注水状况相互联系起来进行分析，才能分析清楚，如果孤立地、片面地分析和强调一项指标，就会得出错误的结论。

油田投入注水开发之后，会暴露出更多矛盾，尤其是油井见水后，随着含水上升产量下降，如果处理不好"水利"和"水害"的关系，有些油井受不到注水效果，油层压力不断下降，油井生产能力连续下降，使油田开发处于自相矛盾之中。

用对立统一的规律和联系的观点来分析和处理油田开发中的矛盾，问题就容易解决。很多问题既表现为各种矛盾的互相对立、相互制约，又表现为各种矛盾的互相依存、互相联系，孤立看一筹莫展，综合看柳暗花明。大庆油田的开发实践，就是经过不断总结经验和教训，逐步认识和掌握了油田注水开发的基本规律，使油田开发水平不断提高。他们的经验是：要早期注水、要敢于注水、要善于注水，注水见效后要敢于夺高产，采取措施降低阻力，切实抓好注水工作。

在搞好油田注水工作方面，提出要抓好7个环节，即抓好供水、注水、分层配水、分层找水、分层堵水、脱水和污水处理。这7个环节是相

互联系的整体,其中有一个环节不配套、不适应,就会影响注水的全局。搞好这 7 个环节就需要油藏工程、采油工程、钻井工程、地面工程、油田管理等密切配合,它们是相互依赖、相互影响、相互制约和相互作用的。

在上述 7 个环节中,尤其要抓好分层注水工作,提高分层注水合格率,调整好分层注水量,就能发挥"水利";反之,就会减少"水利"增加"水害"。要处理好"水利"和"水害"这对矛盾的对立统一的关系。要敢于注水,又要善于注水,要强调注意"水害"的时候,也绝不可只顾控制而丢掉了"水利"。要始终立足于充分发挥"水利",同时做好细致的工作,最大限度地限制"水害",这样才能实现油田的长期稳产高产和获得较高的石油采收率。

对立统一规律揭示了事物内部矛盾双方的对立统一关系,是事物普遍联系的根本内容,是事物发展的源泉和动力。油田开发工作只有坚持这一对立统一规律和联系性的方法原则,才能使油田开发工作沿着正确的方向不断发展前进。

二、运用综合方法创造性地解决油田开发问题

在油田开发认识的过程中,人们开始是一个模糊的、轮廓性的、感性的认识。为了认识其本质,就要进行具体的分析,把油田开发系统整体分解的各个不同的要素,对它们分别加以研究和认识的思维方法。既要分析油田构造类型、储层特征、油气水性质、天然驱动能量大小等,还要分析自然条件、社会环境,以及人力、资金、技术、材料、信息等要素的状况。

在遵循自然规律和社会规律的基础上,坚持以人为本,环境友好,促进人与自然、社会的协调发展。

油田开发的决策者在对各要素具体分析的基础上,需要通过思维把相联系的要素联合为一个统一体,加以综合。综合是在思维过程中把油田开发认识对象的各个部分、各个方面、各个环节、各个阶段联结起来,再组成整体,是从总体上反映油田开发活动本质与规律的一种逻

辑方法,是在分析的基础上所进行的更高级的、辩证的思维形式。没有综合,就不能全面地、整体性地认识油田开发。

分析与综合这两种思维方法是辩证统一的。没有分析就没有综合,分析是综合的基础。同时,分析有赖于综合,由分析到综合,实质是从部分的本质到全面的本质的飞跃。只有综合才能把握其内部联系即本质和规律性,才能全面地、有效地指导油田开发活动。从这一点看来,综合比分析更为深刻。

油田开发具有系统性、综合性和复杂性,在这个大系统中,包含有若干层次的子系统,为了保证油田开发行动的统一性与指挥系统的灵活,必须实行集中统一的指挥,发挥整体的最佳效果。

综合性的方法把理论和经验、规范性和创新性结合起来,具有创新性功能。通过综合,在全面研究各方面情况的基础上作出综合性判断,在综合判断的基础上确定综合性的实施方案,这样对油田开发的认识比较清楚,实施过程处理问题也比较得当。"综合意味着创新",集中体现在油田开发过程中主观能动性的发挥,是获取好的油田开发部署和好的油田开发效果重要的思维与行动品性。

第四节　油田开发发展性原则

油田投入开发处于不断发展和变化的状态,这种客观存在的动态状况,要求人们在研究和解决各种油田开发问题时,必须自觉运用油田开发的发展性原则。

油田开发也和其他事物一样,存在发生、发展和消亡的过程,油田开发经历从采油投产阶段(产量上升阶段)、高产稳产阶段、产量下降阶段,最后到收尾阶段。

油田开发技术是不断发展的,其发展同当时生产力和科学技术的发展有着密切的联系。因此要用发展的观点来观察和处理问题,要转变发展方式,解放思想,勇于创新,不断开创油田开发新局面。

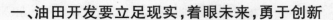

一、油田开发要立足现实，着眼未来，勇于创新

油田开发初期，在取全、取准静态和动态第一手资料的基础上，首先对情况比较清楚的区块和主力油田，采用当时的成熟技术进行开发，一般首先部署基础井网投入开发，在开发实践中不断丰富对油田地下的认识。另外，科学技术也在不断发展进步，对原来认识不清楚的区块和油层也会逐渐加深认识，这时再进行开发，这种循序渐进的开发策略是稳妥的、正确的。

大庆油田在 20 世纪 60 年代开发初期，对萨尔图油层和葡萄花油层认识比较清楚，而对其下部的高台子油层认识不太清楚，没有投入开发。但是，在立足先开发萨尔图、葡萄花油层的同时，着眼对高台子油层的研究和认识，钻井时要求钻穿下面的高台子油层，为开发高台子油层做准备。到了 20 世纪 80 年代，通过资料井的增多，又开展了高台子油层开发试验，同时对高台子这类以薄差油层为主的储层，依托测井技术和射孔技术的发展进步，对 $0.2 \sim 0.4 m$ 的有效厚度不仅能解释准，也能精确射孔。同时，对薄差油层的压裂改造技术也有很大发展，如限流法压裂技术增产效果显著。因此，1985 年对高台子油层地质储量重新进行了计算，萨尔图油田高台子油层的地质储量由 1978 年的 $14802 \times 10^4 t$ 增加到 $43902 \times 10^4 t$，部署了 $1 \sim 3$ 套开发层系，到 20 世纪 90 年代，全面投入开发后，年产油量达 $1000 \times 10^4 t$，对整个大庆油田年产 $5000 \times 10^4 t$ 的稳产起到很大作用。

长庆油田到 20 世纪 80 年代已经开发 10 多年，但年产油量一直在 $140 \times 10^4 t$ 左右徘徊，其中马岭油田年产油量由最高峰的 $72 \times 10^4 t$ 降至约 $30 \times 10^4 t$。到 20 世纪 90 年代，长庆油田根据鄂尔多斯盆地油气资源生成、性质及分布状况，面对"满盆气、半盆油"的"三低"（低渗、低压、低产）油气藏，解放思想，勇于创新，提出了"重新认识鄂尔多斯，重新认识低渗透，重新认识我们自己"。对马岭油田原被认为是"鸡肋"的非主力油层，甚至认为是水层且已放弃的层位重新认识，使一些油层试油日产油最高达到 18t,马岭油田年产油量回升到 2000 年的 $62 \times 10^4 t$。原来年产油量只有 $4 \times 10^4 t$ 的华池油田,很快上升到 $50 \times 10^4 t$ 以上。

长庆油田的干部和员工坚持以解放思想为着眼点,彻底转变低渗透油气藏的勘探开发观念,不断深化对鄂尔多斯盆地油气藏成因机理的认识,不断将找油的目光拓展到其他地区更多的层位上,先后发现了安塞、靖安、靖边、西峰、姬源、榆林和苏里格等一座座油气田。长庆油田 70% 的储层渗透率小于 1mD,有的只有 0.3mD,20 多年前认为“没有开采价值”。但长庆油田通过刻苦攻关,勇于创新,创造了攻克“三低”油气田的新的技术优势。像快速钻井技术、水平井和丛式井开发技术、水力喷射压裂技术、气田井下节流技术和“超前注水、注好水、注够水、温和注水”技术等,结束了“井井有油,井井不流”的历史和投产就递减的顽症。到 2003 年长庆油田的油气当量突破 $1000 \times 10^4 t$,这是长庆油田加速上产的第一个里程碑。

长庆油田针对油气田点多、面广、线长、管理上的“低效”问题,推行了“标准化设计、模块化建设、数字化管理、市场化运作”的科学化管理体系;确立了“业绩导向,充分授权,过程控制,分级负责”的运行机制;形成了“一级指导一级,一级为一级负责”的组织秩序和科学高效的决策程序。

长庆油田通过管理创新、机制创新和技术创新,带来了油气产量和经济效益的双丰收。2007 年油气当量突破 $2000 \times 10^4 t$,2009 年突破 $3000 \times 10^4 t$。其中昔日称为“一块半生不熟的肉”的苏里格气田,年产天然气能力超过百亿立方米。与此同时,长庆油田投资成本降低了 1/3 以上,人均利润率在中国石油系统名列前茅。《人民日报》在头版头条位置以《“磨刀石”里冒石油》为题进行报导:“创新,让长庆油田在不声不响中创造了震惊中国甚至世界石油界的奇迹。”

展望未来,长庆油田充满信心,他们的第三个阶段规划发展目标是实现油气当量上 $5000 \times 10^4 t$,而且要“上得去、稳得住、可持续”。长庆油田不断创新的发展道路,充分体现了油气田开发的科学发展观。

二、油田开发要处理好连续性和阶段性的关系

油田开发是连续性很强的工作,油田从投入开发到最后收尾终结,一般是连续不断地进行着。因此,油田开发工作者要连续不断地对油田进行监测和管理,要系统地收集大量的第一性资料,要不断地分析油田开发过程中的动态变化,要准确地发现油田开发中出现的问题和矛盾,要及时地采取相应的调整措施,以达到科学合理地开发好油田。

要坚持经常性的生产动态分析和开发动态分析,包括单井分析、注采井组分析、开发单元(区块)分析和开发区(油藏)动态分析。搞好经常性的油田开发调整,实施开发过程控制,包括采取各种地质、工艺技术措施,对油水井的生产压差、注采强度和液流方向进行调整。编制好经常性油田调整方案,尤其是年度油田综合调整方案。

油田开发的阶段性也是很明显的,尤其是注水开发的油田,不同含水阶段油田的开发特征不同,地下的矛盾不同,有些是从量变到质变,因此,需要采取不同的开发调整措施。

中低含水开发阶段,主要是由于油层非均质性,使注入水首先进入主力油层,造成油层动用不均衡,主力油层先见水、含水上升快,其他油层动用差。主要采取以分层注水为主,分层监测、分层改造、分层堵水等工艺技术相结合的分层开采技术,尽量发挥多油层的生产能力,改善注水开发效果。

到了综合含水60%以上的高含水期,地下油水分布状况发生很大变化,主力油层水淹严重,开发效果变差,层间矛盾和平面矛盾加剧,仅靠分层开采技术很难保持油田高产稳产。另外,这个阶段经过一定时期的开发实践,地下情况比较清楚,开发系统的矛盾暴露的比较充分,需要有针对性地采用先进、实用的新技术,对原井网、层系、注采系统及开采方式进行阶段性地开发调整,使原井网控制不住的非主力油层,单独组合成一套井网、层系,采用更适合的注采系统,改善其开发效果,在油田高产稳产中发挥应有的作用。

　　阶段性的开发调整要与经常性开发调整的措施结合起来运用,两者是相辅相成的。

　　油田到了综合含水 90% 以上的特高含水期,各类油层都水淹得比较严重,地下剩余油高度分散,挖潜难度增大,产量下降,采油速度低,耗水量大,经济效益差。但对于原油黏度比较高的油田来说,这时的水驱采出程度并不高,仍然需要比较长的时间进行开发。

　　为了改善开发效果,获得较好的经济效益,这个阶段的开发调整除了井网、层系进一步细分调整以外,重点应在精细地质研究的基础上,根据油田的具体情况,积极推广和应用三次采油技术,提高油田最终采收率。如大庆、胜利、河南等一些开发时间较长的油田应用聚合物驱和三元复合驱,取得了很好的效果,采收率比水驱提高 10% ~ 20%。其他三次采油技术像泡沫驱采油技术、微生物提高采收率技术也在进行试验研究,并逐渐成熟,为提高油田采收率提供了广阔的前景。

　　在油田开发过程中的不同开发阶段,人们对油田的认识由肤浅到深入,对油田开发调整的技术措施由简单到复杂,为了科学合理地开发好油田,要特别重视阶段性的油田开发管理工作,包括搞好分阶段的油藏描述、分阶段的储量核算、分阶段的开发调整、分阶段的开发技术政策等。

　　油田开发要处理好连续性和阶段性的关系,还包括要处理好继承与创新的关系。油田开发技术成果是人们在长期的油田实践的基础上,经过实践检验总结出来的,因此要认真地吸收和继承一切有用的东西,绝不可割断历史采取虚无主义的态度。否则,人们的思想就没有基础,行动就没有方向。

　　同时,人们要不断地研究新情况、解决新问题,不能墨守成规、故步自封,要使继承和创新统一起来。继承和创新二者相互依存,缺一不可,要在油田开发实践中统一起来。既要从实际出发,量力而行,循序渐进,又要积极变革、勇于创新,这样才能使油田开发工作不断开创新局面。

参考文献

Р М 常 . 1995. 油田堵水调剖译文集[M]. 刘翔鹗,李宇乡,等译 . 北京:石油工业出版社 .

金毓荪,蒋其垲,赵世远等 . 2007. 油田开发工程哲学初论[M]. 北京:石油工业出版社 .

金毓荪,隋新光等 . 2006. 陆相油藏开发论[M]. 北京:石油工业出版社 .

康世恩 . 1995. 康世恩论中国石油工业[M]. 北京:石油工业出版社 .

李瑞环 . 2007. 辩证法随读[M]. 北京:中国人民大学出版社 .

林志芳 . 1999. 高含水期油田改善水驱效果新技术[M]. 北京:石油工业出版社 .

林志芳 . 1995. 油田开发概念设计方法[M]. 北京:石油工业出版社 .

刘雯林 . 1996. 油气田开发地震技术[M]. 北京:石油工业出版社 .

刘翔鹗 . 1999. 刘翔鹗采油工程技术论文集[M]. 北京:石油工业出版社 .

刘翔鹗 . 1998. 97 油田堵水技术论文集[M]. 北京:石油工业出版社 .

毛泽东 . 1970. 毛主席的五篇哲学著作[M]. 北京:人民出版社 .

裘怿楠 . 1997. 裘怿楠石油开发地质文集[M]. 北京:石油工业出版社 .

王乃举等 . 1999. 中国油藏开发模式总论[M]. 北京:石油工业出版社 .

《油气田开发测井技术与应用》编写组 . 1995. 油气田开发测井技术与应用[M]. 北京:石油工业出版社 .

余秋里 . 1996. 余秋里回忆录[M]. 北京:解放军出版社 .

张昌民,穆龙新,宋新民等 . 2011. 油气田开发地质理论与实践[M]. 北京:石油工业出版社 .

张锐 . 2007. 火烧油层段塞 + 蒸汽驱组合式开采技术[J]. 特种油气藏,(5).

张锐 . 1999. 中国油藏管理技术手册:稠油热采技术[M]. 北京:石油工业出版社 .

《中国石油钻井》编辑委员会 . 2007. 中国石油钻井:综合卷[M]. 北京:石油工业出版社 .

《中国油气田开发志》总编纂委员会 . 2011. 中国油气田开发志:综合卷[M]. 北京:石油工业出版社 .

Sheriff R E. 1992. Reservoir Geophysics. Society of Exploration Geophysicists.